飯店客房管理

朱承強 主編

崧燁文化

目　錄

第1章 概述

導讀

對於一家飯店而言，客房是其必不可少的基本設施，滿足客人住宿的需求仍是現代飯店最基本、最重要的功能。作為飯店最重要的部門之一，客房部負責飯店所有客房的清潔和保養工作，為客人提供多樣的客房服務，為客人創造一個清潔、美觀、舒適、安全的住宿環境。不論是在飯店營業收入的構成中，還是在整個飯店的服務質量和運行產生的影響來看，客房部都占有非常重要的地位。

學習目標

瞭解飯店業的基本情況

理解客房部在飯店中的地位和作用，明確客房部各崗位的工作職責

熟悉飯店客房部和有關部門日常溝通的工作內容

知曉作為客房部經理應具備的能力和知識

第一節 飯店業概述

飯店是伴隨著人類旅行活動的開展而出現的。古今中外莫非如此。飯店最初的功能是為旅途中的人們提供過夜住宿服務。隨著人類社會的發展和經濟的發達，飯店的服務功能及服務範圍已大大拓展，其設備設施的裝備水準及服務手段日趨現代化、專業化。在現代社會中，飯店已成為具有向客人提供住宿、餐飲、購物、會

展、商務、娛樂、健身等諸多功能的綜合性服務企業，在服務於外來的旅行者、旅遊者的同時，也服務於當地社會及居民。擁有各種不同等級、類型、規模、經營方式的眾多飯店所組成的飯店業已成為現代社會中一個令人矚目、具有很大發展潛力的新型產業。飯店業的發展對當地社會的政治、經濟、文化等方面的發展產生了重要影響，刺激和促進了當地社會的對外交往、經濟發展和文化交流，提高了社會的文明程度。飯店業的發達程度往往被視做衡量一個城市或地區整體發展水準的依據之一。

一、世界飯店業的發展

世界飯店業，大體經歷了客棧時期、大飯店時期、商業飯店時期和現代飯店時期四個發展階段。

客棧時期，一般指12世紀到19世紀初這段漫長的歷史時期。前期的客棧，規模小、設備簡陋，多設在鄉間或小鎮，僅能滿足旅客食宿和安全這樣一些最基本的需求。後期的客棧較之前期的客棧有了很大改善，往往成為當地社會、政治與商業活動的重要場所。

大飯店時期，一般指19世紀中期到20世紀初，1850年巴黎大飯店的建成是這一階段的開始。大飯店和客棧有著許多根本的區別。大飯店建在繁華的大都市，規模宏大，建築與設施豪華，裝飾講究。飯店的服務是第一流的，講求禮儀，主要接待王室、貴族、官宦和社會名流。飯店投資者和經營者的根本興趣是取悅於社會上層，求得社會聲譽，往往不太注重經營成本。

本時期飯店經營者的代表人物凱撒·里茲（Caeser　Ritz）提出了「客人永遠是對的」這樣的飯店經營理念。大飯店時期的許多經營與服務的哲理和信條至今仍在世界飯店中奉為圭臬，恪守不渝。

商業飯店時期，大約從20世紀初到1950年代。美國的飯店業先驅艾爾斯沃思·斯塔特勒（Ellsworth　Statler）被公認為商業飯店的創始人，他於1908年在紐約州水牛城所創造的斯塔特勒飯店，被譽為世界現代商業飯店的里程碑。商業飯店時期是國際飯店史中最為重要的階段，也是世界各國飯店業最為活躍的時代，它從各方面奠定了現代飯店業的基礎。商業飯店的特點是設備舒適完善，服務項目齊全，價格合理，經營活動商品化，以追求利潤為目的，以接待從事商業活動的旅行者為主。

現代飯店時期，大約從1950年代開始至今。自1950年代起，隨著國際旅遊業的發展，世界上一些大的飯店公司以出售特許經營權與簽訂管理合約等形式，進行國內甚至跨國的連鎖經營，逐漸形成了一個個使用統一名稱、統一標識，在飯店建造、設施設備、服務程序、管理方法等方面實行統一標準，共同進行宣傳促銷、客房預訂、物資採購與人才培訓的飯店聯號。飯店的功能日趨多樣，既能滿足外來旅遊者食宿、娛樂、健身和商務活動的需求，也能作為當地社會活動的重要場所。在經營管理上，注重用科學的手段進行市場營銷、成本控制、人力資源開發等；在設備設施上，廣泛引入適合飯店服務及運行所需要的各種高新科技產品。

二、中國飯店業的發展

中國飯店業是一個既古老又年輕的行業。在中國，飯店業已有三千多年的歷史，曾經歷了古代至19世紀中期的驛站、客棧時期；19世紀末，隨著資本主義生產方式的輸入而出現一批大型西式飯店。中華人民共和國成立，特別是隨著改革開放政策的實行，使中國飯店業進入迅速發展的新型飯店時期。狹義上的中國飯店業，主要指以接待境外賓客為主的旅遊飯店業，它在中國還是一個年輕的行業。從1978年起至今，大體經歷了四個發展階段。見下頁表 1-1 和圖 1-1。

第一階段，1978年～1983年，飯店業的初創階段。這一時期的飯店，很大部分是從以前的政府高級招待所轉變而來的，處於從原來的接待型事業單位向經營型企業單位轉化的時期。

第二階段，1983 年～1988 年，飯店業的穩步發展階段。飯店業基本完成了由事業單位管理向企業管理的轉變，迅速走上了科學管理的軌道。1984 年開始在全行業推廣北京建國飯店科學管理方法。建國飯店是北京第一家中外合資的飯店，也是全國第一家聘請海外飯店管理集團管理的飯店。1984 年 3 月，中央和國務院領導指示，國營飯店也應按照北京建國飯店的科學辦法管理。透過推行這套管理方法，全國飯店業在 102家試點單位帶動下，在管理上、經營上、服務上都發生了深刻的變化，邁上了飯店科學管理之路。

第三階段，1988年～1994年，推行星級評定制度，使中國飯店業進入了國際現代化管理新階段。到 1988 年，中國飯店業已擁有旅遊涉外飯店[1]1496 家，客房22萬間。為了使中國迅速發展的飯店業走向規範化的有序發展道路，並與國際飯店業標準接軌，1988年9月，經中國國務院批准，國家旅遊局頒布了飯店星級標準，並開始對旅遊涉外飯店進行星級評定。中國的飯店星級標準，是在對中外大量調查研究的基礎上，參照國際上的通行標準並結合中國實際情況，在世界旅遊組織派來的專家指導下制訂出來的。該標準在 1992年經國家技術監督局批准，定為國家標準。飯店星級是國際飯店業的通用語言。中國飯店業實行星級制度，可以促使飯店服務和管理符合國際慣例和國際標準，它既是客觀形勢發展的需要，也是中國飯店業進入規範化、國際化、現代化管理新階段的一個標誌。

第四階段，1994年到目前，中國的飯店業逐步向專業化、集團化、集約化經營管理方向邁進。1980年代以來，國際上許多知名飯店管理集團紛紛進入中國飯店管理市場，向中國的飯店業界展示了專業化、集團化管理的優越性以及現代飯店發業展的趨勢。十幾年來，中國的飯店業正在逐步改變以前計劃經濟時代所帶來的「誰建誰管，各自為政」的局面。截至1998年10月，在國家旅遊局登記註冊的中國自己的飯店管理公司已有四十餘家，管理了上百家的中國國內飯店，與二十多家境外飯店管理公司形成了平分天下的格局。1998年在國際上分別排名第81位、206位的上海錦江集團和北京凱萊集團，是眾多中國飯店管理集團中的優秀典範。另外，1990年代中後期，中國飯店業的總量急劇增加的同時，受到全球經濟的影響，經營效益滑坡，「走集約型發展之路」越來越成為飯店業界的共識，即從單純追求總量擴張、注重外延型發展向追求質量效益、強化內涵型發展轉變。

表1-1 中國旅遊飯店發展數據表

年份	飯店數	客房數
1978	203	32 000
1985	505	77 000
1988	1 496	220 000
1992	2 354	351 000
1995	3 720	486 000
1997	5 201	701 000
1998	5 782	764 000
1999	7 035	889 400

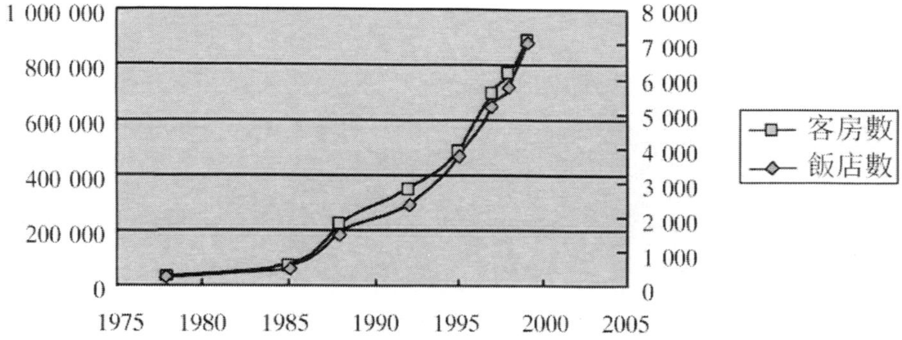

圖1-1 中國旅遊飯店發展示意圖

飯店業是由各種類型、各種等級的飯店所組成的。飯店分類、分等有利於各類、各等的飯店塑造自身在市場上的形象，明確自己的市場定位，同時也能使客人在選擇飯店時有明確的目標。

三、飯店的類型

根據某種特定的評判標準將飯店分類，可以反映飯店的某些主要特徵。由於歷史的演變、傳統的沿襲、地理位置與氣候條件的差異及飯店用途、功能、設施的不同，世界各地的飯店分類方法多種多樣。根據傳統分類方法，一般把飯店分為四種類別。

1.暫住型飯店

此類飯店一般位於城市，靠近商業中心，以接待商務旅行者為主，同時接待各類旅行者和旅遊者。該類飯店的客人在飯店平均逗留時間較短，客人流動量大。這類飯店適應性廣，在飯店業中所占的比例最大。

2.長住型飯店

也稱公寓式飯店。此類飯店一般採用公寓式建築的造型，以接待長住客人為主。該類飯店的設施及管理較其他飯店類型簡單，只向住店客人提供住宿、餐飲等基本服務。飯店與客人之間須透過簽訂租約的形式，確定一種法律關係。長住型飯店的客房多採用家庭式格局，以套房為主，配備適合客人長住的家具和電氣設備供客人自理飲食。服務上講究家庭式氣氛，特點是親切、周到、針對性強。從發展趨勢來看，長住型飯店一是向豪華型發展，即服務設施與項目日趨完備；二是分單元向住店客人出售產權，成為提供飯店服務的共管式公寓（Condominium）。

3.度假型飯店

也稱遊覽地飯店。此類飯店多建於海濱、山區、溫泉、森林等地，以接待遊樂、度假的客人為主。飯店除提供普通飯店應有的服務之外，還為度假者提供必要的文化娛樂、健身、學習等綜合服務，如滑雪、騎馬、高爾夫球、捕釣、狩獵、衝浪等。現代度假型飯店已從傳統的夏季或冬季營業轉為全年營業，並引進商務型飯店的一些經營方式。度假型飯店與商務型飯店相結合，是未來飯店發展的一種方向。

4.汽車旅館

它是隨著汽車的迅速普及和高速公路的大力建設而逐漸產生的一種新型住宿設施，以接待駕車旅行的客人而得名。最初的汽車旅館十分簡陋，是被稱之為「旅遊小屋」（tourist　cabin）的路邊簡易住所。到了1950、1960年代，汽車旅館得到很大發展，其設施、設備與普通飯店漸趨一致。遊客駕駛著小車，可十分方便地住進公路沿線的汽車旅館，享受廉價、方便、舒適的住宿、餐飲及其他各種服務。

除傳統的分類方法以外，飯店還有其他各種分類法。如根據飯店的客房數量，可以把飯店分成大型飯店、中型飯店和小型飯店。根據飯店計價方式，可以把飯店分成歐式計價飯店、美式計價飯店、修正美式計價飯店、歐陸式計價飯店和百慕達計價飯店五種類別；根據飯店隸屬形式，可以把飯店分成獨立經營飯店和集團經營飯店兩大類別。將飯店分成各種類型，有助於人們全面地認識飯店的特徵，有利於飯店自身的推銷，也便於飯店之間的比較。

四、飯店的等級

飯店等級是指一家飯店的豪華程度、設備設施水準、服務範圍和服務質量等。對客人來說，飯店分等定級可以使他們瞭解某一飯店的設施、服務情況，以便有目的地選擇適合自己要求的飯店。因而，飯店等級的高低實際上反映了不同層次賓客的需求。一般情況下，對於同規模、同類型飯店來說，客房平均房價是飯店等級高低的客觀標誌之一。

目前，世界上約有八十多種飯店等級制，有的是各地飯店協會制訂，有的是各國政府部門制訂。由於各地區、國家間飯店業發達程度和出發點不同，各種等級制度所採用的標準不盡相同。飯店分等制在歐洲國家較為普遍。法國的飯店分為「1～5星」五級，義大利的飯店採用「豪華、1-4　　　　級」制，瑞士的飯店分為「1-5級」，奧地利的飯店使用「A1、A、B、C、D」級，而有的國家和地區則採用「豪華、舒適、現代」或「鄉村、城鎮、山區、觀光」或「國際觀光、觀光」等分等制，可謂形形色色。但在美國，由於其高度發達的市場經濟以及成熟的飯店業，至今尚未有統一的、被普遍接受的飯店等級標準，較有影響的則是美國汽車協會及美國汽車石油公司分別制訂並使用的「五花」和「五星」等級制。

如前所述，世界各地各種飯店分等制所採用的標準不盡一致，但各地飯店分等制的依據和內容卻十分相似，通常都從飯店的地理位置、環境條件、建設設計格局、內部裝潢、設備設施配置、維修保養狀況、服務項目、清潔衛生狀況、管理水準、服務水準等方面進行評價確定。

中國為適應國際旅遊事業發展的需要，盡快提高旅遊涉外飯店的管理和服務水準，使之既有中國特色又符合國際標準，於1988年制定了《中華人民共和國評定旅遊涉外飯店星級的規定》，並於 1988 年 9 月 1 日起執行。中國國家技術監督局於1993年 10月 1 日起執行。中國飯店的星級評定，主要是按照飯店的建築、裝潢、設備設施條件和維修保養狀況、管理水準和服務質量的高低、服務項目的多寡，進行全面考慮，綜合平衡，將飯店劃分一星、二星、三星、四星、五星級共五個等級。一般來説，五星級飯店屬豪華級飯店，其設備設施與服務均要體現現代化特色。四星級飯店亦稱一流飯店，其設備設施和服務均應滿足經濟地位較高的上層消費者的需求。三星級飯店一般為中檔或中高檔飯店，服務質量較好。二星級飯店為中低檔飯店，能滿足一般社會公眾或家庭旅遊者的需求。一星級飯店屬經濟檔飯店，其設備設施和服務能滿足普通消費者的基本需求。

第二節 飯店中的客房部

飯店是旅行者到達旅行目的地後尋求的主要設施，並以此為基地進行各種活動以實現其旅行的目的。旅行者對飯店各種設施的需求中，對客房的需求當屬首選。旅行者將自己下榻的客房視做旅途的「家」。對飯店而言，客房是其必不可少的基本設施，因為捨之則不能稱為「飯店」（Hotel），而飯店中的其他設施則可以根據其規模、等級、市場變化等因素進行增減。在現代飯店中的各種設施日趨多樣、豐富，飯店的功能隨之增加的情況下，滿足客人住宿的需求仍是現代飯店最基本、最重要的功能，客房仍是飯店的主體部分。因此，客房產品是飯店經營的最主要產品。

飯店設有客房部，或稱房務部負責管理客房事務。它負責飯店所有客房的清潔和保養工作，配備各種設備，供應各種生活用品，並且提供多樣的服務項目，方便住店客人，為客人創造一個清潔、美觀、舒適、安全的理想住宿環境。客房部還負責飯店整個公共區域的清潔和保養工作，使整個飯店在任何時候都處於常新、舒適、優雅宜人的狀態。

一、客房部在飯店中的地位和作用

（一）客房收入是飯店經濟收入的主要來源

1.客房營業收入在全飯店營業收入中所占的比例高

客房是飯店銷售的主要產品。客房的營業收入一般要占飯店全部營業收入的40%～60%。根據著名的飯店會計事務所——美國的霍沃斯公司發表的《全世界飯店業 1998年調研報告》中有關世界範圍飯店經營情況的統計資料，客房營業收入占全飯店營業收入的平均比例為 56.3%，而餐飲營業收入所占比例為 34.6%，電話營業收入占2%，其他經營收入占 7.1%（詳見圖 1-2）。2000 年中國涉外旅遊飯店的客房營業收入占全飯店營業收入的比例為 43.66%，餐飲營業收入所占比例為 37.17%，商品營業收入所占比例為 6.7%，其他經營收入所占比例為 12.47%（詳見圖 1-3）。

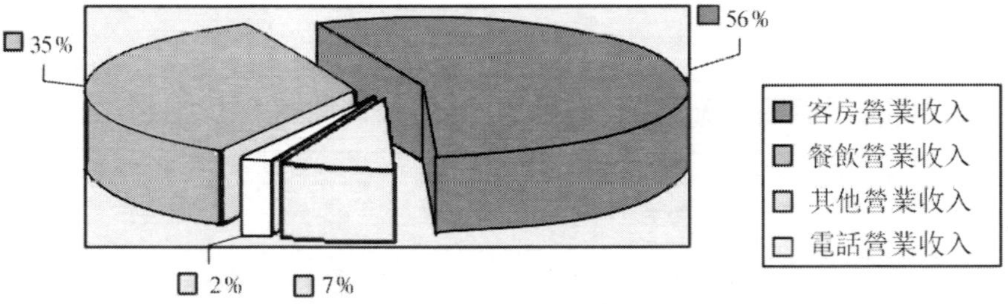

圖1-2 國際範圍飯店經營情況統計

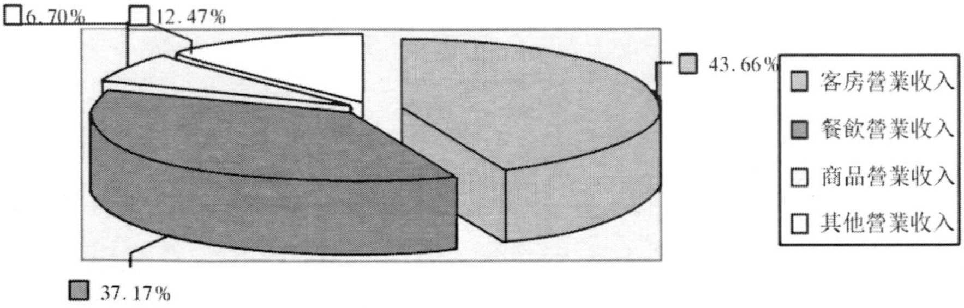

圖1-3 中國飯店經營情況統計

2.客房的創利率高

客房初建時雖然投資大，但耐用性強，在一次銷售後，經過服務員工的清潔整理和補充必備的供應品之後，又可重複銷售，獲取收入，如此周而復始，不斷循環。因此，在客房運營中，其成本和費用較低，部門利潤率較高。根據美國PKF國際諮詢公司的統計資料，1992年，客房部的成本與費用僅占客房營業收入的26.9%，而餐飲部的成本與費用要占本部門營業額的74.3%。由此可見，客房部的部門利潤率高達73.1%，而餐飲部的部門利潤率僅為25.7%。

3.客房是帶動飯店其他部門經營活動的樞紐

以客房為基礎設施的飯店，只有在客人入住飯店並保持較高的住房率時，飯店的其他各種經營設施才能充分發揮效益，如各類餐飲設施、會議設施、商務中心、電話、房內小酒吧等等。

（二）客房服務質量是飯店服務質量的重要標誌

飯店是旅行者在旅行目的地暫時的居留場所，也就是客人在旅途中的「家」。客房是客人在飯店中逗留時間最長的地方，客人對客房更有「家」的感覺。因此，客房的清潔衛生程度，裝飾布置是否美觀宜人，設備與物品是否齊全，服務人員的態度是否熱情、周到，服務項目是否周全豐富等，對客人有著直接的影響，是客人衡量「價」與「值」是否相符的主要依據。客房服務質量的高低，客人感受最敏銳，印象最深刻。

飯店的公共區域也是旅客在旅途中的「家」的組成部分。他們同樣希望這些場所清潔、舒適、優雅，並能得到各種他們所期望的服務。同時，必須指出的是，因各種目的進出飯店的社會公眾也能直接感受到這些場所的狀態。因此，客房部對整個飯店環境、設施的維護及保養工作的效果直接影響到飯店的服務質量及飯店的外觀和形象。客房服務質量是衡量整個飯店服務質量及維護飯店聲譽的重要標誌。

（三）客房部的管理直接影響全飯店的運行和管理

客房部負責飯店環境、設施的維護及保養，為飯店員工保管、修補、發放制服，為餐飲部提供各類布巾等。因此，客房部為飯店其他部門的正常運行提供了良好的環境和物質條件支持。

另外，在飯店建築總面積和占有的固定資產中，客房部均占有絕大多數。在全體員工總數中，客房系統所需的管理人員和服務人員也占了很大的比例。因此，客房部的管理與飯店的全局管理直接相關，客房部管理是影響整個飯店管理的關鍵部門之一。

二、客房部的工作任務

（一）做好清潔衛生工作，為客人提供舒適的住宿環境

客房部負責飯店所有客房及公共區域的清潔衛生工作。清潔衛生是保證客房服務質量和體現客房價值的重要組成部分。飯店的良好氣氛，舒適、美觀、清潔的住宿環境，都要靠客房服務員的辛勤勞動來實現。所以，做好清潔衛生，提供舒適的住宿環境，是客房工作的首要任務。客房部必須透過制定和落實清潔衛生操作規程、檢查制度來切實保證清潔衛生質量。

（二）做好賓客接待工作，提供周到的客房服務

客房部還要做好賓客的接待服務工作。它包括從迎接客人到送別客人這樣一個完整的服務過程。賓客在客房逗留的時間最長，除了休息以外，還需要飯店提供其他各種服務，如洗衣服務、飲料服務、訪客接待、擦鞋服務等等。能否做好賓客接待工作，提供熱情、禮貌、周到的客房服務，使客人在住宿期間的各種需求得到滿足，既體現了客房產品的價值，又直接關係到飯店的聲譽。

（三）維護和保養客房及設備

客房部在日常清潔衛生和接待服務的過程中，還擔負著維護和保養客房和公共區域的設備設施的任務，使之常用常新，保持良好的使用狀況，並與工程設備部門

密切合作，保證設備設施的完好率，提高它們的使用效率，為客人構築一個舒適的住宿環境。

（四）控制客房的物料消耗

客房的物料消耗在客房經營的變動成本中占有較大的比重。客房部要根據預測的客房出租率，編制預算，並制定有關的管理制度，落實責任。在滿足客人使用、保證服務質量的前提下，控制物品消耗，減少浪費，努力降低成本，減少支出。

（五）負責客衣服務和飯店員工制服及布件用品的洗滌和保管

客房部設有布件房和洗衣房，負責飯店布件和員工制服的洗滌、保管和發放，為全飯店的對客服務提供保障；同時，作為一個服務項目，為住店客人提供洗熨服務，也是飯店的經濟來源之一。

三、客房部組織機構設置的原則

飯店內各部門的組織機構是履行管理職能，開展經營活動，完成飯店下達的計劃任務的一種組織形式。根據客房管理的工作任務，客房部門組織機構的建立及崗位的設置應遵循專職分工、統一指揮及高效能的原則。

1.專職分工的原則

就是明確各機構及崗位的職責和任務，以便各司其職。

2.統一指揮的原則

是指明確垂直逐層指揮的體系以及指揮的幅度，有效地督導下屬人員的工作。

3.高效能的原則

要求部門內部溝通渠道暢通，逐級分層負責，權責分明，能充分發揮各級人員的積極主動性及聰明才智，提高工作效率，產生較高的工作效能。

四、客房部組織機構設置

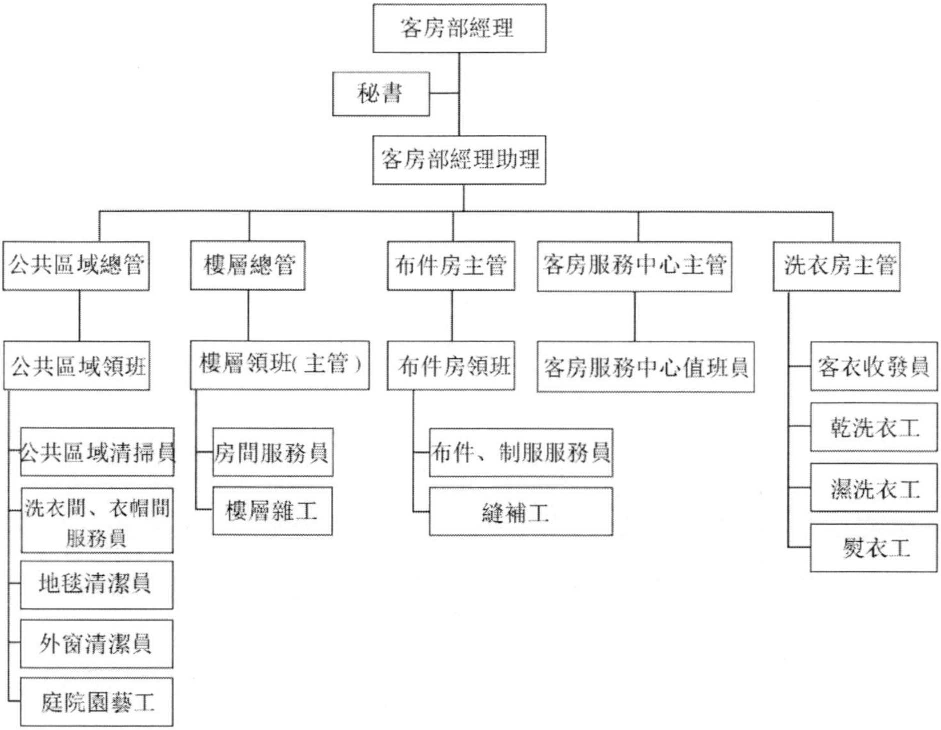

圖1-4 大中型飯店客房部組織機構圖

（一）適合於大、中型飯店的客房部組織機構實例

見圖 1-4。該圖所示客房各部門的主要內容具體如下：

1.經理辦公室

客房部設經理、經理助理各一名，另有祕書一名，早、晚兩班工作人員若干名。主要負責客房部的日常性事務及與其他部門聯絡、協調等事宜。

2.布件房

布件房與客房辦公室毗鄰，設主管、領班各一名，另有縫補工、布件及制服服務員若干名。主要負責飯店的布件和員工制服的收發、送洗、縫補和保管。

3.客房樓層服務組

設總管一名，早班、晚班兩個樓層主管或領班若干名，下設早班、晚班和通宵班三個樓層清潔組及早班、晚班兩個樓層服務組。主要負責樓層的清潔衛生工作和接待服務工作。

4.公共區域服務組

設總管一名，早班、晚班及通宵主管或領班各一名。下設早班、晚班和通宵班三個清潔組及早班、晚班兩個洗手間及衣帽間服務組。因地毯、外窗的清潔工作及庭院園藝工作的專業性極強，所以專設地毯清潔工、外窗清潔工及園藝工。該組主要負責飯店範圍內公共區域的清潔打掃以及衣帽間、洗手間的服務工作。

5.客房服務中心

設主管及值班人員若干名，開設早、晚、通宵三個班次。主要負責統一安排、調度對住客的服務工作，並負責失物招領事宜。

6.洗衣房

設主管一名，下設客衣收發員、乾洗衣工、濕洗衣工、熨衣工若干名。主要負責洗滌客房部、餐飲部等所需的布件、棉織品和全體員工的制服，同時提供衣物洗熨服務。有的飯店的洗衣房屬工程部管轄，也有些飯店的洗衣房因其規模大而成為一個單獨的洗衣部。也有不少飯店不設洗衣房，洗滌業務由專業洗衣店代理，由布件房負責送洗及接收。

（二）適用於小型飯店的客房組織機構實例

在規模較小的飯店裡，客房部組織機構中層次減少了，簡潔明瞭的保留三條主線，即樓層客房服務組、公共區域服務組及布件房（見圖 1-5）。由於不設統一調度的客房服務中心，對住客的服務工作由樓層客房服務員直接承擔。為保證服務質量，可設專職招待員。公共區域服務組內不設專門的清潔工種，一些專業性強的清潔工作如地毯清洗、外牆清潔可包給專門的清潔公司擔任。小型飯店一般不設洗衣房，客房、餐廳等所需的布件、布巾及客房的洗熨由專門洗衣公司來承接。

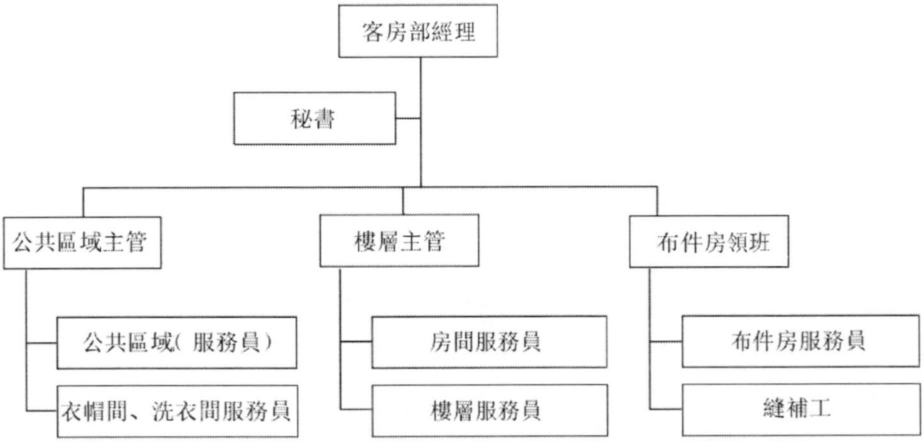

圖1-5 小型飯店的客房部組織機構

五、客房部工作崗位設置及職責

分工是工作崗位設置的基礎工作。分工就是將需要完成的工作分解成不同的操作工序，每個員工負責完成其中某一個工序。經過分工以後，設置具體的工作崗位並明確每個崗位所配備的人數，其原則是「因事設崗」，切不可「因人設位」。

專業分工是現代企業組織管理的原則之一，有利於提高員工的專業化程度。上下工序之間的有機銜接，整體工作有序順暢地進行，也有利於提高服務工作及管理工作的效率。

專業分工及崗位設置也應是動態的，應根據飯店及部門的經營目標、工作任務的調整以及組織內部各種相關因素的變化而作出適時的調整，如客源結構的變化、科技手段的應用等，都可能創造新的工作崗位或改變工作崗位的內容，也可能淘汰一些工作崗位。又如，隨著員工素質的提高，可適當調整一些分工過細的崗位設置，使員工的工作內容豐富和擴大。

客房部各崗位的職責見附錄。

六、客房部與其他業務部門的關係

飯店，是由多個部門組成的一個有機整體，其運行與管理的整體性、系統性和協作性很強。飯店經營管理目標的實現，有賴於所有部門及全體員工的通力協作和共同努力。對於各個部門而言，它們都是飯店的一部分，雖然各有自己的任務和目標，但都不是獨立的。要完成其任務、實現其目標，部門之間就必須相互支持、密切配合。因此，客房部在運行管理中，必須高度重視部際關係。一方面，要利用自身條件，像對待貴賓一樣地為其他部門提供優質服務；另一方面，要與其他部門保持良好的溝通，爭取他們的理解、支持和協助。在處理部際關係過程中，要有全局觀念和服務意識，發揚團隊精神，加強溝通，相互理解，主動配合。要使客房部與其他部門建立和保持良好的協作關係，必須瞭解客房部與其他部門有哪些業務聯繫。

（一）客房部與客務部的業務關係

飯店的客房部和客務部，是兩個業務聯繫最多、關係最密切的部門。從經營角度講，客房部是客房生產部門，客務部是客房產品的銷售部門。兩個部門之間能否密切配合，直接影響飯店客房的生產與銷售。在很多飯店裡，已不再分設客房部和客務部，而是設置由這兩個部門組成的房務部，其目的是便於統一管理、減少矛盾。

客房部與客務部之間的業務關係是多方面的。

1.客房部為客務部及時提供保質保量的客房，滿足客務部客房銷售和安排的需要

客房部在安排客房的清掃整理時，應儘量照顧客務客房銷售和為入住客人安排客房的需要。在住客率較高時，要優先清掃整理走客房、預訂房和控制房，從而加速客房的周轉，避免讓準備入住的客人等候太久。這樣既能提高客房的出租率，又能提高客人的滿意度。

2.相互通報和核對客房狀況，保證客房狀況的一致性和準確性

對於客務部來説，要銷售客房，並能快速、準確、合理地為入住客人安排客房，就必須準確地顯示和瞭解每一間客房當時的實際狀況，否則就會出現差錯。對於客房部來説，要合理安排客房清掃整理工作、保證對客服務的質量，也必須準確地瞭解每間客房的狀況。為此，客務部和客房部須適時地通報和核對客房狀況。

3.相互通報客情資訊

由於客務部在客房銷售和接待服務過程中，所瞭解和掌握的有關客房及客人的資訊比較及時、全面，因此，客務部應將這些資訊及時通報給有關部門。其中，客務部向客房部通報的資訊主要包括：當日客房出租率、次日及未來一段時間的客房預訂情況；飯店的重大接待活動；客人進離店的情況；客人的個人資料及對客房的特殊要求等。客房部可根據這些資訊合理安排人力、物力，設計和調整對客服務方案，以加強工作的計劃性和服務的針對性，有效控制人力、物力消耗，保證服務質量。

客房部在對客服務中對客人的具體情況及要求瞭解得比較全面、準確，客房部要及時將這些情況回饋給客務部，便於客務部做好客史檔案的記錄工作。另外，客房部還應在日常工作中協助客務部做好諸如行李服務、留言服務、郵件服務、叫醒服務等重要工作。

4.與客務部共同安排客房的維修保養工作

客房的維修保養工作往往會影響客房的銷售和客房的安排，同時也會牽涉到客務、客房、工程等各個部門。因此，這方面的工作最好由相關部門一道協商安排。

5.兩部門人員之間的交叉培訓

在客務部和客房部之間進行的人員交叉培訓，不但可以使員工之間相互瞭解和熟悉對方的業務，以達到加強溝通、增進理解、便於合作的目的；而且可以全面提高員工的業務能力，在營業旺季時，可在部門之間進行臨時性人員的調配，從而為飯店的勞動力控製造成一定的推動作用。

（二）客房部與工程部的業務關係

客房部和工程部的關係十分密切，相互之間的矛盾也比較多。兩部門能否很好的協調與配合，對於飯店的運行會產生很大的影響。他們之間的業務關係主要包括相互配合與交叉培訓兩個方面。

1.相互配合，共同做好有關維修保養工作

發生在客房部與工程部之間的有關維修保養方面的矛盾主要有：責任不清、維修不及時、質量不過關、費用不合理等。為此，兩部門應分別做好以下幾點：

（1）客房部負責對其所轄區域和所管的設施、設備進行檢查，發現問題盡可能自己解決，不能解決時，須及時按規定程序和方式向工程部報告。

（2）工程部接到客房部的報告後，須及時安排維修，並確保質量、嚴格控制費用。

（3）當工程維修人員進場維修時，客房部的有關人員應盡力協助和配合，並對質量進行檢查驗收。

（4）共同制定有關維修保養的制度和程序，明確規定雙方的責任、權利和獎懲措施。

2.交叉培訓

（1）工程部對客房部員工進行維修保養方面的專門培訓，使他們能夠正確使用有關設施、設備，並能對設施設備進行檢查和簡單的保養與維修。

（2）客房部對工程部有關員工進行客房部運行與管理業務的培訓，使他們對客房部的運行規律和基本業務有所瞭解，從而提高協作配合的自覺性和責任感。

（三）客房部與採購部的業務關係

客房部與採購部的業務關係主要集中在物資的採購與供應方面。

（1）客房部提出申購報告。客房部要瞭解本部門所需各項物資的現存量、預測未來一段時期的需求量及目前飯店倉庫的盤存量，並根據這些情況提出未來某一時期的物資申購報告，然後將報告送財務等部門審核，再由飯店有關領導審批。

（2）採購部根據經審批的物資申購報告，經辦落實具體的採購事宜。

（3）客房部參與對購進物資的檢查驗收，把好質量和價格關。

（4）兩部門之間相互通報市場及產品資訊。

（四）客房部與餐飲部的業務關係

雖然客房部與餐飲部在業務內容上有很大的差異，但兩個部門之間也有很多業務聯繫，主要表現在以下幾點：

（1）客房部負責餐飲部營業場所的清潔保養工作。為保證餐飲服務人員集中精力做好餐飲服務工作，節省清潔設備和清潔用品的分散配置等，餐飲營業場所的清潔保養工作通常由客房部下屬的公共區域清潔組負責。

（2）客房部負責餐飲部所有部件及員工制服的洗燙、修補工作。

（3）為酒店的大型接待活動做好協調配合工作。客房部和餐飲部常常作為酒店大型接待活動的主要接待部門，因此，兩部門必須密切配合，在事前、事中、事後全過程中相互支持。

（4）兩部門配合做好貴賓房的布置、客房送餐等服務工作。飯店在接待貴賓時，房間中大多配備水果和點心之類，以體現一定的接待規格，而這些水果、點心通常由餐飲部負責提供，並按一定的標準在客房內布置擺放。因此，凡有這些要求的貴賓房，都須由餐飲部參與布置。

（5）交叉培訓。客房部和餐飲部之間，也有必要進行人員的交叉培訓。

（五）客房部與財務部的業務關係

客房部與財務部的業務聯繫主要體現在以下幾點：

（1）財務部指導和幫助客房部做出部門的預算，並監控客房部預算的執行情況。

（2）財務部指導、協助並監督客房部做好物資管理工作。

（3）客房部協助財務部做好客人帳單的核對、客人結帳服務和員工薪金支付等工作。

（六）客房部與保安部的業務關係

（1）保安部指導和幫助客房部制定安全計劃和安全保衛工作制度。

（2）保安部對客房部員工進行安全保衛的專門培訓，以增強客房部員工的安全保衛意識，提高客房部員工做好安全保衛工作的能力。

（3）客房部積極參與和配合保安部組織的消防演習等活動。

（4）客房部和保安部相互配合做好客房安全事故的預防與處理工作。

（七）客房部與公關營銷部的業務關係

現代飯店提倡全員營銷的理念，要求每個部門、每個人都參與飯店的公關營銷活動。因此，客房部也必然要和公關營銷部發生很多業務聯繫。

（1）客房部配合公關營銷部進行廣告宣傳。

（2）客房部參與市場調研及內外促銷活動。

（3）公關營銷部及時將有關資訊回饋給客房部，為客房部提高客房產品和客房服務質量提供指導和幫助。

（4）部門之間的交叉培訓。公關營銷部對客房部員工進行飯店公關營銷技能的專項培訓，以提高其公關營銷能力；客房部對公關營銷部人員進行客房產品知識的培訓，使其對客房設施、設備及客房服務有全面的瞭解，以提高其銷售工作的準確性與針對性。

（八）客房部與人力資源部的業務關係

（1）人力資源部審核客房部的人員編制。

（2）相互配合做好客房部的員工招聘工作。

（3）人力資源部指導、幫助、監督客房部做好員工的培訓工作。

（4）人力資源部對客房部的勞動人事管理行使監督權。

（5）人力資源部負責審核客房部的薪金發放方案。

（6）人力資源部協助客房部進行臨時性人員調配。

本章小結

1.客房部作為飯店中的重要部門，在營業收入構成、服務質量、影響整個飯店運行等方面占有重要的地位。

2.做好清潔保養工作、提供周到的客房服務是客房部最主要的任務。

3.建立合理的組織機構和制定完善的崗位職責是做好客房管理工作的重要保證。

4.做好客房部的經營離不開飯店其他部門的通力合作，因此，熟悉客房部與飯店其他部門的日常溝通內容就顯得十分重要。

思考與練習

1.飯店通常可以分為哪幾種類型？

2.客房部對整個飯店運行產生的影響主要表現在哪些方面？

4.大中型飯店客房部的組織機構包括哪些服務組？其各自的職責有哪些？

5.你認為客房部與飯店中的哪些部門聯繫最為緊密？為什麼？

6.客房部和客務部的業務關係主要表現在哪些方面？

7.客房部與工程部在日常工作中的協調配合主要表現在哪些方面？

8.客房部的工作與餐飲部的工作有哪些異同之處？

案例

ABC飯店如何犯了大錯？

週一上午 10:00 在開完一個銷售會議後，銷售員薩拉女士給客務部經理雷· 史密斯就別克巴克先生一事發了個短函。別克巴克先生是XYZ公司的一名董事，這家國際大公司今後兩年的客房預訂，可能意味著一筆50萬美元的業務——要是能說服別克巴克先生將一些團體會議及其他業務安排在自己飯店就好了。他預定今日下午1:30到達飯店。薩拉希望對他的接待完美無缺。

親愛的雷：

我僅僅想提醒一下，XYZ公司的別克巴克先生將與今天下午 1:30 到達我店，他將在此住一個晚上。務必讓他享受全套貴賓待遇。此前，我已數次與他通過電話，並準備下月與他會面，商談有關他帶給我店預訂業務的可能性。但這次我無法在他的來訪中與他接觸，因為今天上午我就將飛往達拉斯。

不必擔心，這次我沒忘記開出貴賓名單，這會兒他們應該已經都收到了。

薩拉敬上

上午 10:30 為了讓雷明白別克巴克先生是何等重要，薩拉親自將這份備忘錄送往客務部。但雷正好開會不在，薩拉將備忘錄放在了桌子上，相信雷一回來就能看到它。

上午 11:10 雷從會議上溜出了幾分鐘，回辦公室查看信函，看到了薩拉留給他的短函。他準備回去開會時，將它放在總服務臺。

上午 11:20 總服務臺服務員是伊伏特。雷走過來把薩拉的紙條放在伊伏特的電腦鍵盤旁，讓他辦妥此事。伊伏特邊點頭邊繼續為客人辦理入住手續。

上午 11:45 伊伏特利用了個空當，讀了雷留下的紙條內容，並迅速和行政管家蓋爾通了話：「嗨，蓋爾，我是總臺的伊伏特。我們有一位貴賓別克巴克先生，將於下午 1:30抵店，我現在把816的房態由可租房改為待修房直至你們做好貴賓布置，好嗎？謝謝。」

上午 11:50 「為什麼總是在我們員工用餐或休息時把突擊任務通知我」？蓋爾一邊抱怨一邊要求兩位最優秀的員工中斷用餐，跟他去 816 房間布置房間並準備好了貴賓禮品，直至把貴賓房布置到嘆為觀止的水準。

下午4:35 別克巴克先生經過長途飛行抵達飯店，看上去衣冠不整，他是和其他4人一起坐計程車過來的。大廳擠滿了辦理入住的人。他走到總臺僻靜的一側等候，直到有位總臺接待員瓊忙完了團隊入住。

瓊很快完成了別克巴克先生的入住登記程序。她微笑著並也記得要保持與賓客的目光接觸，給了別克巴克先生616房間的鑰匙。

下午4:40 當別克巴克先生打開 616 房門，他發現房內沒有任何布置，連一封歡迎信都沒有。

下午5:15 羅基醫生，一位來自奧馬哈的牙醫，雙手提著箱子走向總臺。總臺接待員給了他816房間的鑰匙。為了節約開支，他謝絕了行李員的服務，自己來到了房間。

下午5:35 看到如此精心保養的套房，他決定好好享受一下。他高興地吃起乳酪和蘇打餅乾，一邊好奇地打量著他以前從未見過的那包糖果，他看到了化妝臺上有一張便條：

親愛的別克巴克先生：

我們希望您在ABC飯店快樂順心。如有什麼事需要我們幫助，請隨時通知我們。

總經理 吉姆· 湯姆森

下午5:40　　別克巴克先生與飯店的銷售總監同乘一部電梯下樓，彼此未打招呼。

下午6:00　　羅基醫生換上便裝，到飯店周圍走一走。他想明天早晨再打電話去總臺問清楚這些禮品的來龍去脈。

週二上午8:30　　別克巴克先生準備回去。在總臺，接待員的服務特別地友好和高效。途中他和雷· 史密斯擦肩而過。

案例分析：

1.ABC飯店在哪些方面做錯了？

2.在別克巴克先生住店期間有什麼方法可以發現錯誤，有什麼方法可以彌補失誤？現在可以做些什麼來彌補失誤呢？

3.飯店應制定什麼樣的程序來防止將來再次出現類似的一連串錯誤？

---

[1] 2003年12月1日實施的中華人民共和國國家標準 GB/T 14308-2003《旅遊飯店星級的劃分與評定》代替GB/T　　14308-1997《旅遊涉外飯店星級的劃分與評定》，規定用「旅遊飯店」取代「旅遊涉外飯店」。

第2章 客房產品的設計布置

導讀

客房是飯店的基本設施。飯店的投資中有相當一部分是用於客房的土建工程、內外裝修和設施購置。客房也是飯店經營的主要部分，出租客房是飯店的主要任務，也是飯店設計的一個重點。力求使飯店客房具有獨特的風格和一定等級的舒適程度，給客人留下良好的印象，是飯店經營者追求的目標。飯店客房產品設計布置是否合理，直接影響飯店經營效益和對客服務質量。

學習目標

瞭解客房設計布置的基本常識

領會客房類型配置的基本原則

掌握客房產品設計的原則

把握客房設計的趨勢

第一節 客房樓層的建築規劃

客房樓層面積占整個飯店總面積的65%～85%。如果能在樓層的設計中節省面積，給整個飯店帶來的效益就會十分可觀。如何在客房樓層的設計中千方百計地增加客房數量，提高客房樓層的有效使用面積，是飯店客房產品設計中極為重要的一環。

不同國家、地區，不同等級的飯店客房建築面積占總建築面積的比例是不同的。有的飯店因提供眾多出租商場設備或社交活動場所而減少了客房部分面積比例；有的飯店因服務設施簡單而相對增加了客房部分面積。中國部分新建飯店的客房部分面積指標如表2-1。

表2-1 中國國內部分飯店客房部分面積狀況

飯店名稱	客房間數	客房部分面積（m^2）	平均每間客房的建築面積（m^2）	占總建築面積的百分比（%）
北京燕京飯店	574	22 660	39.48	55.64
北京建國飯店	529	21 307	40.28	71.95
北京長城飯店	1 007	43 648	43.34	52.95
北京昆侖飯店	800	47 785	59.73	56.73
上海希爾頓飯店	800	40 245	50.31	47.97
上海太平洋大飯店	745	36 550	49.06	54.39
上海揚子江大酒店	612	28 357	46.33	57.78
上海銀河賓館	844	38 867	46.05	59.46
鄭州國際飯店	264	10 115	38.31	44.41

一、客房樓層類型的分析

客房樓層的建築結構主要有板式、塔式和內天井式三種，每一種形式又衍生出多種平面設計。客房樓層的建築結構是飯店設計時要研究的主要問題。它不僅要考慮飯店的場地、環境、內部格局等因素，還要考慮樓層結構對飯店能源消耗、客房服務員行走距離以及客人的影響。

（一）板式建築

板式建築形式是基本為條形的結構，包括客房依走道單向或雙向排列結構，即外走廊或內走廊型。這種形式變化不多，一般呈直條形或 L形，其後勤服務區和疏散樓梯呈平面布置。

在條形建築形式中，內走廊型建築結構的設計指標最高，客房層的有效率（客房單元面積之和與客房樓層面積之比）可達到 70%。同樣數量的客房，依走道單向排列的結構（即外走廊型）所需的樓層面積要比雙向排列的結構（內走廊型）多出 4%～6%。因此，除非是外部地形環境特殊，如飯店所處地段狹長，無法作雙向排列，或是為了充分利用某一自然景觀等，一般情況下是不會採用單向排列結構的。

板式建築結構固然是最有效的設計，但是經驗豐富的建築師與飯店經營者都發現了更緊湊的結構，他們把飯店的電梯與後勤服務區移到了樓層的轉角處。這種安排的好處是相應減少了非客房面積，大大縮小了客房大樓的周長，並且增添了建築物外型的美觀。以錯開式的板式建築為例，這種結構將公共場所與後勤服務區放在一起，面積安排就顯得很經濟，客房的位置也能恰到好處。錯開的板式結構還彌補了一般板式結構走廊過長的缺點（見圖2-1）。

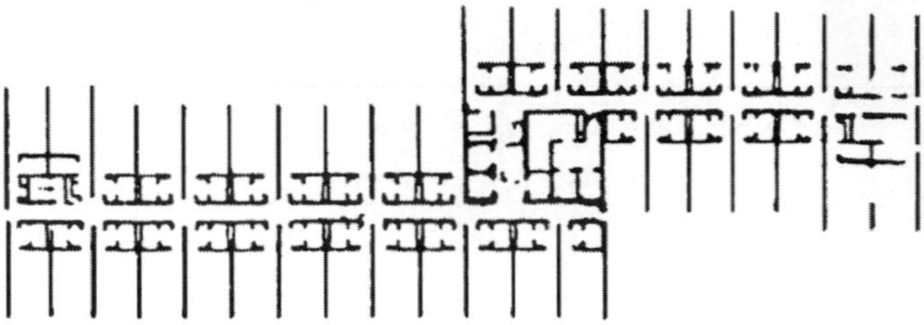

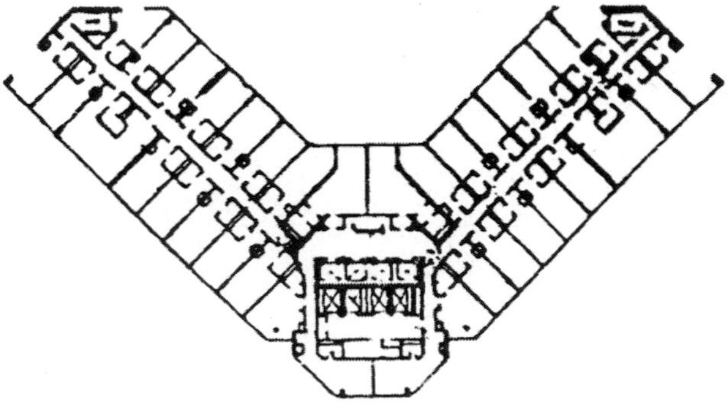

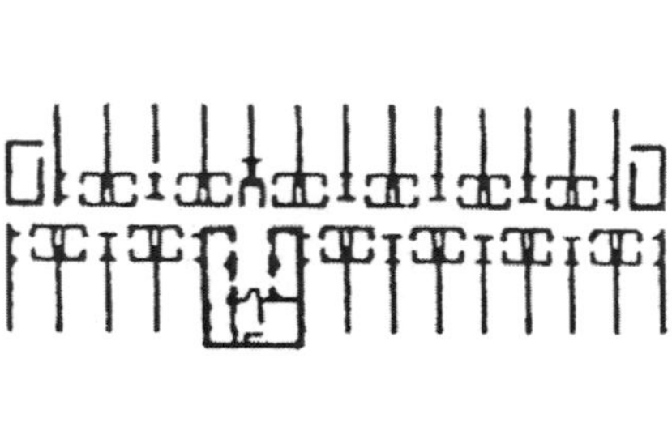

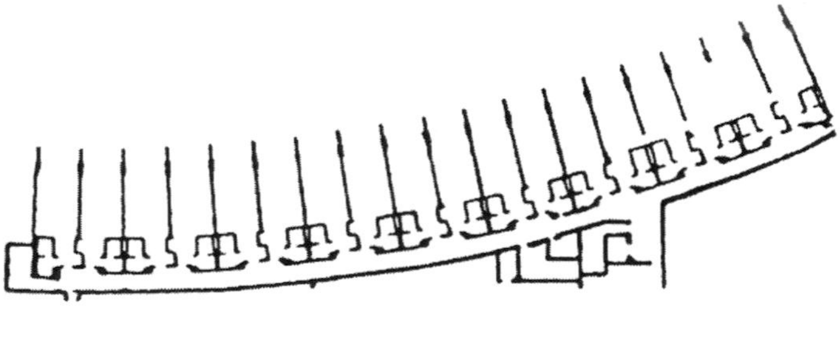

圖2-1 板式建築的平面布置

（二）塔式建築

客房樓層的第二種主要結構形式是塔式。其特點是以服務區為中心，客房與走廊圍繞之。這種建築平面布置與立面處理手法多種多樣，從正方形到十字形，從圓形到三角形均很常見。

採用塔式建築結構會產生一個特殊問題，即每層樓面的客房數目會受到限制。一般情況下，每層樓約能安排 16～24間客房。如果每層樓安排16間客房，後勤服務區的面積只能勉強容得下2～3部電梯、疏散樓梯和最起碼的布件儲藏空間。如果每層有24間以上的客房，樓層的周長就會過大，後勤服務區的面積相應也會過剩，造成不必要的浪費。其他建築形式的設計指標較高是透過增加每層樓的客房數量將後勤服務區的面積控制在最低取得的。但是，塔式建築的情況正好相反。大量例子證明，塔式建築結構中的每層樓的房間數目越少，設計指標就越高。因為房間數少，樓層的周長就小，留給後勤服務區的面積就十分有限，其格局就會十分緊湊，圍繞其四周的走道面積也會被減少到最低程度。從理論上講，當客房樓層設計呈小方型、小圓型時，客房層的有效率指標最高，但周長過小會使客房開間過狹，室內布置困難，客房舒適感較差。

在大飯店裡，每層樓可安排24間客房，這樣就會形成一個大的中心地帶，容納了服務區還綽綽有餘。有些飯店就利用空餘地方設客廳或會議室，作為提高客房使用面積的補救措施（見圖2-2）。

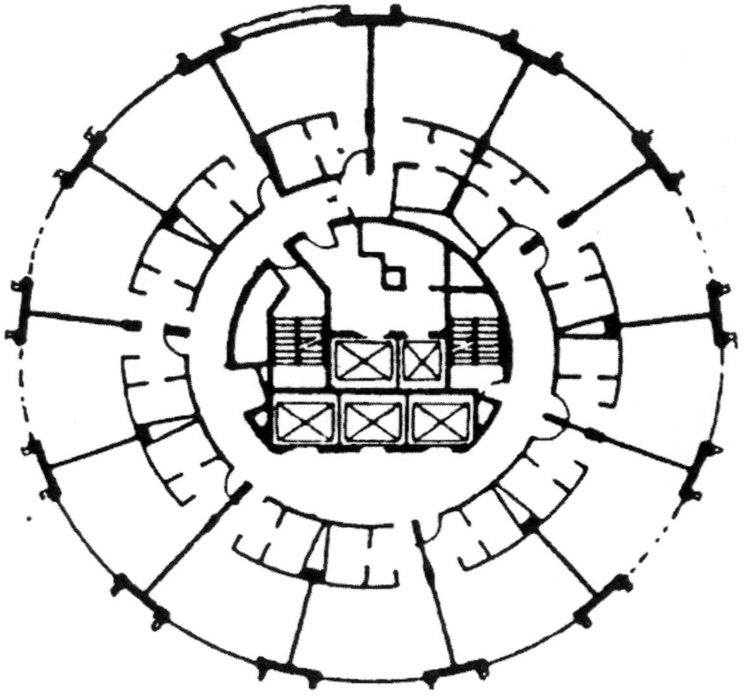

圖2-2 塔式建築的平面布置

（三）內天井式建築

客房樓層的第三種結構為內天井式。在內天井式結構中，客房依樓道單向排列，客房前的走道好像是敞開式的陽臺，客人可以從那兒俯視大廳。

內天井式結構的客房大樓，除無頂大廳外，客房樓層平面也與眾不同。其最基本的模式是四方形的大樓中間裝有觀光電梯。當電梯向上移動時，客人便可看到大廳裡的所有景象。

雖然內天井式的設計效果在各種形式中很不經濟，造成能源損耗過大，日常開支增加，但投資者與建築師們還是樂於選擇內天井式。這是因為，隨著環境科學、行為科學的發展，飯店設計在解決使用功能的同時，注意飯店的精神功能，強調表現飯店的特點。有專家已進一步研究了公共活動空間的視覺形象與組景規律以及人對公共空間的心理反應，認為內天井式建築提供了過去在室外才能體驗到的仰視、俯視觀景條件，給飯店帶來了特有的氣魄（見圖2-3）。

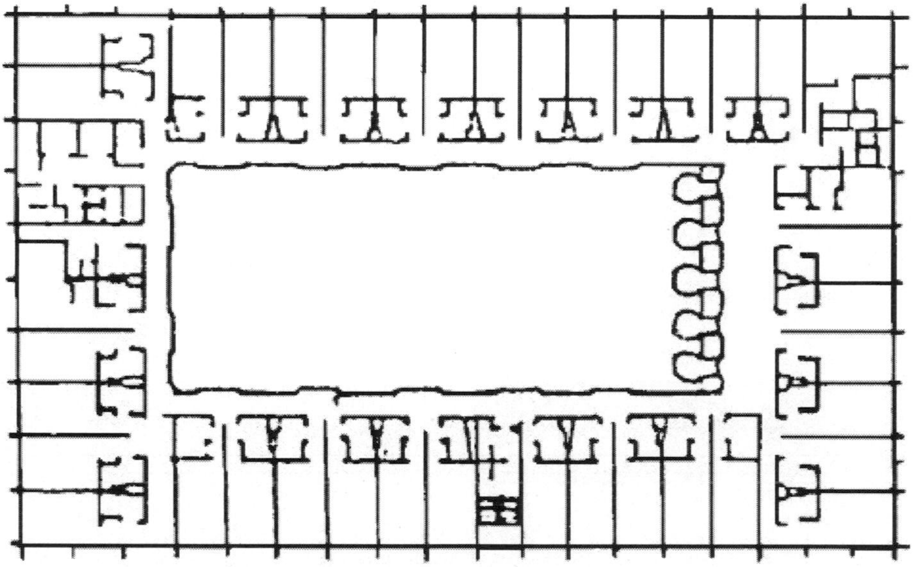

圖2-3 內天井式建築的平面布置

二、客房樓層功能的設計

客房樓層是客房單元、客房交通與客房服務的組合（見圖2-4）。

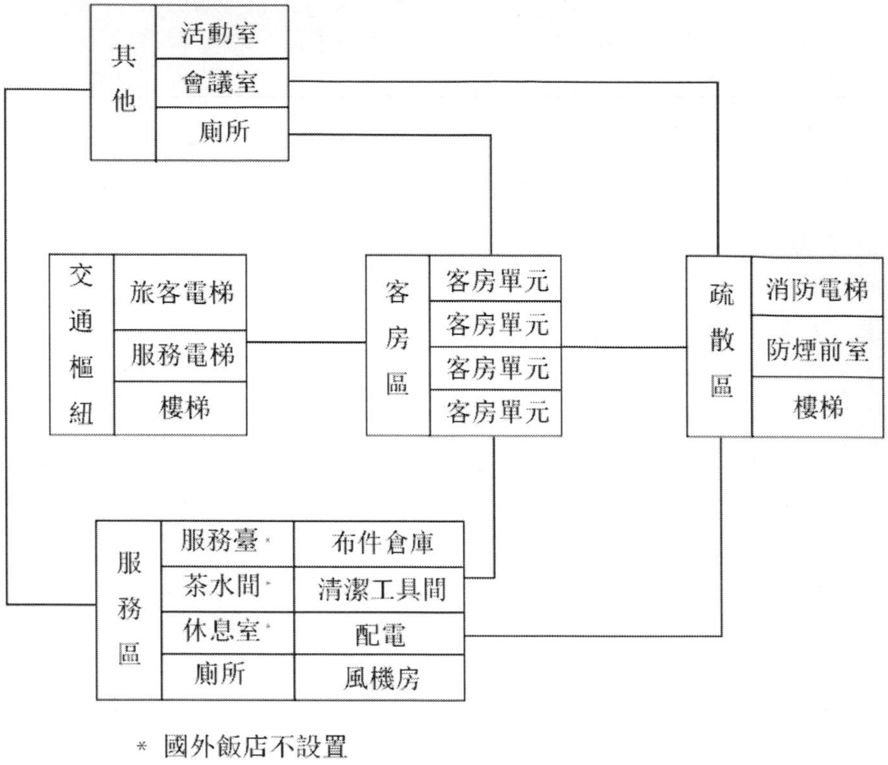

圖2-4 客房樓層功能關係圖

客房單元是客房樓層中的盈利部分。它由客房、客房內小走道、浴室、壁櫥與牆體等組成，即進客房門後的所有面積。

低層飯店的客房層的客房交通一般是以主樓梯為交通樞紐，由走道與各客房單元連接。在客房層達到一定長度時必須有疏散樓梯，以備急用。

高層飯店客房層的客房交通則以電梯為交通樞紐，仍有走道與各客房單元連接。按消防規定，疏散樓梯前須有排煙室，還需設置消防電梯。

有些飯店設樓層服務臺來進行客房服務，有些飯店則不設樓層服務臺，只設清潔工具間、小倉庫、配電間、風機房等。

為縮短水平距離，提供均等服務，服務區可與交通樞紐結合成客房層的核心；客房要求具有雙向疏散條件；客房層設計應綜合滿足上述各項功能要求。

（一）客房類型

在籌建飯店時必須確定客房類型的配置。這是因為，客房類型與數量是相對固定的，它的改變需花費很多投資。

確定客房類型配置的基礎是市場分析，應研究當地對飯店的需求以及飯店的經營目的、服務對象，應遵循對飯店經營有利的原則。

在客房類型中，一般來說，雙人標準房占多數。

單人客房設置數量與飯店性質直接有關。商務性質的城市飯店單人客房需求量很大。目前，日本與美國的不少城市中，商務飯店的單人房與雙人房之比已達1：1。而一般城市飯店的單人房約占客房總數的10%～15%。

客房套房在飯店也是需要的。等級越高的飯店套房數量越多，一、二星級飯店的套房可以很少或者沒有。三、四星級飯店的套房約占客房總數的 5%。五星級豪華飯店的套房可以有更高的比例。美國近年來出現的全套房飯店被稱之為Hometel，每個套房均有起居室和臥室，由於經營有方，出租率超過了一般飯店。

套房的數量和質量也與飯店等級有關。五星級飯店的總統套房常常有數間。一般飯店不必設置豪華套房或總統套房，一味求全求大，會造成不必要的浪費。

（二）客房交通與疏散

1.走廊

低層飯店的客房層在平面展開，交通路線較長。多層、高層飯店的客房層在豎向疊合，每層交通路線較短。

客房層走廊的寬度，使用上應滿足停放服務車時人可通行的尺度要求，一般為1.4～2.0公尺，從交通樞紐電梯廳（或主樓梯）到最遠客房距離最好小於60公尺。

有時為了節約面積，採取葫蘆走廊的方法，即局部拓寬走廊，有利於出行和服務功能的發揮。

低層飯店客房層走廊兩邊的客房門錯開，有利於隔音，減少干擾，並增加了客房私密性。

2.電梯廳

電梯對於高層、超高層飯店是十分重要的垂直交通工具。

客房層電梯廳是高層客房樓的交通樞紐，應設置在適中位置。電梯廳應保證人流暢通，不宜兼作休息廳之用。

電梯廳的電梯排列與廳的寬度應以面積緊湊、使用方便為原則。

電梯排列四臺以下一般呈一字形排列，可平行於走廊或垂直於走廊；設有四、六、八臺電梯時一般呈巷道式相對排列，可採用內凹或貫通。巷道式的廳寬（W）一般在3.5～4.5公尺。過於狹小，會使用不便；過於寬大，在電梯採用群控方式後，客人會因電梯門開啟時間短暫需來回奔跑而感到不便（圖2-5）。

為縮短等候電梯的時間，提高電梯運輸送能力，需確定恰當的速度。

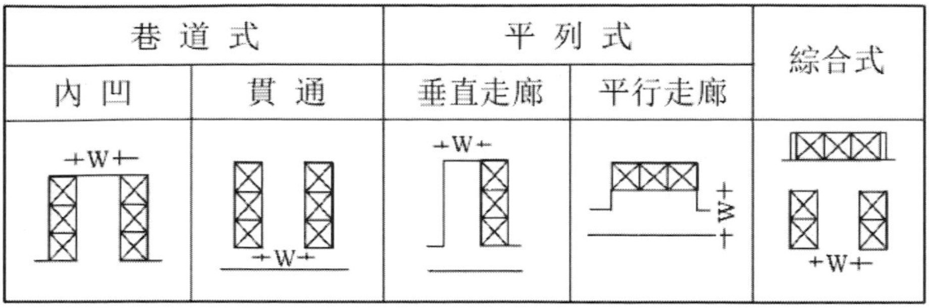

圖2-5 電梯排列與電梯廳平面類型

3.疏散

安全是飯店最基本的問題。飯店失火因素多，客人又都是處在陌生環境之中，一旦失火，容易因驚慌失措而造成重大損失，所以客房層的疏散設計十分重要。

疏散樓梯與消防電梯的設計應符合各國現行消防規範，疏散樓梯的位置應考慮人在火災發生時可能疏散的方向。常見的位置有兩種：一種是客人習慣的常用的交通路線，靠近交通樞紐；另一種是使客人有雙向疏散的條件，設置在客房層的兩端。疏散樓梯靠外牆設置將有利於排煙、防火。

高層飯店的客房層還需設置有排煙前室的消防電梯，以供消防人員在火災發生，普通客梯停止運行後，可乘用消防樓梯迅速抵達火災現場施救。

疏散樓梯均上通屋頂、下達首層，並有直接通至室外的出口。超高層建築設置避難層時，疏散樓梯可向避難層疏散。

中國消防規範規定，高層疏散樓梯的寬度不小於 1.1 公尺；低、多層建築疏散樓梯的寬度不小於 1.0公尺。

（三）客房服務工作區

中國飯店的客房服務工作區內一般設置服務臺、工作室（供應開水或兼作小備餐間）、清潔工具室、布件備品倉庫、配電機房與員工浴室等。這些服務用房常與疏散樓梯（或服務電梯）結合在一起，形成一個組團。

客房服務工作區的設計需保證工作效率，又不干擾旅客休息，服務的路線宜與客人的人流路線分開。

服務部門應保證有停放手推工作小車的位置及布件管道與垃圾管道的位置。

對於客房內更換下來的布件與客人需要洗滌的衣物以及清掃客房後的垃圾，可以採用管道拋投方式送至洗衣房與垃圾間，也可以採用專用小車由服務電梯運下。採用專用小車方式時需有停放專用小車的位置。

由於飯店管理方式的不同，客房樓層服務的內容與方式也不同。客房樓層服務臺的設置與否是比較突出的一個表現。國外一般不設客房樓層服務臺。客房服務內容分別安排。客房布件更換、打掃整理常常採用外包工的方式，由他們每日定時完成任務。客房用餐服務由餐廳部負責，按客人的要求將需要的早餐送至客房。按西方習慣，歐美飯店一般不供應開水，特殊需要的客人可以要求送至客房。日本、新加坡等飯店在客房內放置電熱水壺，客人可在客房內自己燒開水。

三、客房樓層規模的確定

低層飯店往往在風景優美地區，占地較大，或依山傍水，或是庭院式格局，其客房層的客房單元分組組合，可以按需要設計得很多。如北京香山飯店，雖然水平交通較長，但因景觀甚佳，空間又富趣味性，仍受客人讚賞。

高層飯店的客房層規模需考慮服務設施的充分利用及結構、疏散等因素，每層客房間數不能過少，不然，服務設施利用不充分、不經濟。每層客房間數多而鬆散也不利。中國有家飯店每層有 86 間客房，其中 20 間在中段單面走廊，水平距離長，服務半徑達60公尺，降低了工作效率；電梯分設，負荷不勻；能源供應路線長等問題也接踵而至。

防火設計中，中國高層規範規定防火分區最大允許面積為 1000 平方公尺，有自動滅火設備時可增加一倍，這也是對客房層面積的限定。

飯店是勞動密集型企業。在國外飯店中，工資是營業開支中最高的支出項目，故尤其注重採用節約人工的措施，提出每層客房間數應符合「服務員模數（Maid Module）」，即每層服務員數最好為整數，以達到充分利用人工功效的目的。許多國家按飯店等級將服務員模數定為 10～17 間。如奧地利沙斯堡歐羅巴飯店每層僅8間，一個服務員則管上下兩層。日本新大谷飯店新樓，每層 34 間，每 5 層為一個服務單元，設在中間一層，統管 170間客房，服務路線短，比一般飯店節省人力約三分之一。

綜合上述原因，現代多層、高層飯店的客房樓層規模一般以24～46 間客房為宜。

第二節 客房產品的設計原則

一、客房的基本類型

飯店客房大致要分為單間客房和套房兩種類型。

（一）單間客房

由一間客房所構成的「客房出租單元」，稱為單間客房。根據客房內的配置情況，又可細分為單人房、大床房、雙床房、三人房幾種。

1.單人房（Single Room）

配備一張單人床。適用於從事商務旅行的單身客人居住。

2.大床房（Double Room）

配備一張雙人床。這種客房較適合夫婦旅行者居住，也適合商務旅行者單人居住。

3.雙床房（Twin Room）

配備兩張單人床。這類客房在飯店中占極大部分，也稱為飯店的「標準房」，較受團體、會議客人的歡迎。也有在雙床房內配置兩張雙人床（Double-Double Room），以顯示較高的客房規格和獨特的經營方式。

4.三人房（Triple Room）

配備三張單人床。一般在經濟等飯店裡配備這樣的房間，此類客房較適合經濟層次的客人享用。

（二）套房

由兩件或兩件以上的客房構成的「客房出租單元」，稱為套房。根據其使用功能和室內裝飾標準又可細分為普通、商務、雙層、連接、豪華、總統等幾種。

1.普通套房（Junior Room）

普通套房一般為兩套房。一間為臥室，配有一張大床，並與浴室相連。另一間為起居室，設有盥洗室，內有坐便器與洗面盆。

2.商務套房（Business Room）

此類套房是專為從事商務活動的客人設計布置的。一間為起居與辦公室，另一間為臥室。

3.雙層套房（Duplex Room）

也稱立體套房，其布置為起居室在下，臥室在上，兩者用室內樓梯連接。

4.連接套房（Connecting Room）

也稱組合套房，是一種根據經營需要專門設計的房間形式，兩間相連的客房用隔音性能好、均安裝門鎖的兩扇門連接，並都配有浴室。需要時，既可以作為兩間獨立的單間客房出租，也可作為套房出租，靈活性較大。

5.豪華套房（Deluxe Suite）

豪華套房的特點在於重視客房裝飾布置、房間氛圍及用品配備，以呈現豪華氣派。該套房可以為兩套房布置，也可以為三套房布置。三套房中除起居室、臥室外，還有一間餐室或會議室兼書房，臥室中配備大號雙人床。

6.總統套房（Presidential Suite）

又稱特套房，一般由五件以上的房間組成，包括男主人房、女主人房、會議室、書房、餐室、起居室、隨從房等。裝飾布置極為講究，造價昂貴，通常在豪華飯店才設置此類套房。

二、客房類型配置的依據

確定客房類型配置應遵循對飯店經營有利的原則，依據飯店本身的等級及目標市場，透過市場分析，研究各種細分市場客源對飯店客房的需求而定，並隨著市場的變化和客人需求的變化適時做出調整。

在客房類型中，一般來說，雙人標準房占多數；而商務性質的飯店則是單人客房需求量較大。在日本與美國的不少大城市中，商務飯店的單人房與雙人標準房之比已達到 1：1，而一般城市飯店的單人房約占客房總數的 10%～15%。

客房套房在飯店也是需要的，等級越高的飯店其套房數量也越多。一星、二星級飯店的套房可以很少或者沒有。三星級飯店的套房約占客房總數的 5%。四星級、五星級豪華飯店的套房可以有更高的比例。美國近年來出現的全套房飯店稱為

Hometel，每個出租單元均是由起居室與臥室所組成的套房構成，由於經營有方，出租率超過了一般飯店。套房的數量和質量也與飯店的等級相關。五星級飯店的總統套房常常有數間，一般飯店則不必設置豪華套房，以免造成不必要的浪費。

三、客房設計布置的原則

客房是賓客生活、起居、辦公的重要場所，其設計布置應綜合考慮安全、健康、舒適與效率原則。

（一）安全原則

安全性是「健康、舒適、效率」的前提。飯店客房的安全總是主要表現為防火、治安和保持客房的私密性等方面。

1.防火

根據資料統計，城市公共建築中以飯店的火災率最高，造成死亡人數也很大。飯店火災很大比例是由客房內客人在床上吸煙引起。客房空間小，失火易充滿煙霧而使人窒息。因此，把消滅火災的重點放在預防上是飯店消防的重要工作。

現代高層飯店客房的防火措施如下：

（1）設置可靠的火災早期報警系統。

（2）減少火荷載。火荷載係指燃燒的建築材料、家具、陳設、布件及客人帶來的可燃衣物等荷載總和。

（3）緊急疏散規劃。客房門後張貼《疏散路線指南》，房內備有緊急照明手電筒，客房通道保持暢通。

2.治安

飯店客房治安的重點是加強門鎖的控制。配備電子密碼鎖和與它相配對的電子磁卡鑰匙，可大大提高客房安全程度。因為使用電子門鎖既便於對日常鑰匙的使用進行控制，又可減少鑰匙遺失帶來的不良後果。同時，客房最好配備具有防盜和呼救功能的安全設施。

3.客房私密性

飯店客房是私密性場所，要求安靜，不受人干擾。因此，應採取走廊錯開客房門的設計手法，以加強客房的私密性；也可採取葫蘆型走廊的手法，拉大客房門之間的距離，使客房門前形成一個較安靜的空間。

（二）健康原則

環境直接影響人的健康。噪音公害危害人的聽覺健康；照度不足影響人的視覺健康；生活在全空調環境內，會因新鮮空氣不足、溫濕度不當而損害人的健康。因此，建造高層飯店首先要選擇在環境良好的地區，並有合理的整體格局。

全空調的高層飯店客房的室內環境處理，關鍵在於能否適當的控制視覺、聽覺與熱感覺等環境刺激，即必須重視客房環境中的隔音、照度及空調設計。另外，客房裝修後建築材料帶來的汙染問題也不能忽視。

1.隔音

（1）客房噪音來源的分析

室外噪音源：城市環境噪音。

相鄰客房噪音源：電視機、背景音樂、空調機、電冰箱、電話、音樂門鈴、客人談話等。

客房內部噪音源：上下水管流水、坐便器蓋碰撞、扯動浴簾、淋浴、空調器及冰箱。

走廊噪音源：客房門的開關、走廊裡客人談話、背景音樂、服務小車推動、電梯上下及電梯門開關等。

其他噪音源：空調機房、排風或新風機房以及其他公眾活動用房等。

（2）噪音容許標準與隔音標準

不同場所的噪音容許標準以噪音評價標準值（NR曲線）來表示。城市飯店客房的NR值最好在30以下。

客房的隔音標準也可隨等級而不同，等級越高隔音要求越高。參照國際標準，中國飯店噪音容許標準與隔音標準建議值如下（見表2-1、表2-2）：

表2-1 不同等級飯店客房與起居室的噪音容許標準建議值

等級 / 噪音容許值	經濟級		舒適級		豪華級	
	客房	起居室	客房	起居室	客房	起居室
NR值	35	40	30	35	25	30

表2-2 不同等級飯店的隔音標準（平均db降低值）建議值

等級 / 房間關係	經濟級	舒適級	豪華級
客房與客房、公共走廊	35～40	40～45	45～50
客房與機械設備用房	45～50	50～55	55～60
客房與室外	35～35	35～40	40～45

（3）隔音設計中應予以重視的問題

樓板隔音：樓板隔音主要考慮撞擊噪音。鋪設地毯或其他軟性覆蓋物是減少撞擊噪音的較好方法。

分隔牆隔音：採用磚牆分隔或輕質隔牆要達到隔音目的並不困難。但必須注意兩個房間之間隔牆上的電氣盒不能在同一位置相連通，如果無法在平面上錯開，就應上下錯開安裝，防止串音。客房還切忌與電梯井道直接相貼，這在設計方案中應儘量避免。

窗扇隔音：除按隔音要求要用一定厚度的玻璃外，還應十分注意窗縫的密閉。

門扇隔音：門扇隔音也取決於縫隙。現代旅館為了提高客房私密性，保持安靜的休息環境，一般已不留送報門縫及採取走廊送新風方式。環繞中庭大空間的客房門扇宜增加密閉條使門縫密閉。

此外，設計中還須防止風管之間的串音等。

2.日照與照度

（1）日照。由於客人逗留時間短，對日照要求不像住宅和風景區、療養地飯店的要求那樣高。全空調的飯店設計不必過分強調客房日照，在整體格局中與游泳結合的日光浴場可以滿足喜歡陽光的客人的要求。

（2）照度。照度是物體單位面積上所獲得光通量的多少，照度單位是 LX。客房照度包括客房與浴室的照度兩方面。按國際照明學會標準，客房照度為100LX。但近年來已推薦客房照度為50～100LX。對於閱讀面的照度標準要求則更高。浴室的照度要求也越來越高。為了利於客人的化妝，國際照明學會的標準是70LX，但實際使用均大於100LX，有時在客人面部處的照明達200LX以上。

3.溫控

溫控主要解決室內溫度和新風量。能使人體的體溫調節機能處於最低活動狀態的環境，就是令人舒適、愉快的環境。現代飯店為了克服多變的氣候帶來的不舒適感，多數採用人工氣候來保持一定的空氣溫度、濕度和氣壓，以保證客人的健康。

國際上的飯店客房普遍採用風機盤管系統。空調的溫濕度設計標準與室外氣候有關，各國均有國家規範或規定。由於空調系統大量耗用電能、熱能或冷能，按照中國國情應對不同等級的飯店提出不同的空調設計參數。

在風機盤管的管線標準上也可因飯店等級而異。豪華飯店的客房可採用四管制風機盤，可隨時自由選擇冷風或暖風。舒適級與經濟級飯店可採用二管制系統。

新風量是空調設計中另一重要問題，實際上是解決二氧化碳濃度問題，同時，還可以減少建築裝修帶來的汙染。

（三）舒適原則

1.客房空間的舒適感

客房的舒適感由無數主觀評價合成，不像聲、光、熱那樣有具體的測定數據。來自不同國家、地區的客人因生活習慣不同，對客房的主觀評價也不同。因此，需要以國際客人的習慣進行設計與評價，只滿足某種傳統習慣是不行的。

客房空間能反映一定的舒適感，等級越高越寬敞。

從國際飯店業的經驗看，不同等級飯店的面積要求是：經濟等的一、二星級飯店，標準客房的起居面積為16平方公尺（起居區不包括浴室、衣櫥、入口門廊等），浴室為2.3平方公尺，總面積為21.9 平方公尺。作為中等的三星級飯店，標準客房的起居面積為20.1 平方公尺，浴室為3.4平方公尺，總面積為30.2平方公尺。作為高檔的四星級飯店，標準客房的起居面積為23.8平方公尺，浴室為4.4平方公尺，總面積為35.2平方公尺。作為豪華的五星級飯店，標準客房的起居面積為27.9平方公尺，浴室為6.6平方公尺，總面積為41.8平方公尺。

國際著名的希爾頓飯店連鎖集團，曾對客房面積提出了「最小」和「理想」這一明確的要領與範圍（見表2-3）。

表2-3 希爾頓飯店連鎖集團的客房單元面積指標

房間名稱	最小面積（m^2）	理想面積（m^2）
雙床房	28	36
大床房	32	36
經理級客房	68	72
標準套房	95	108
總統套房	158	181

註：客房單元面積包括小走道、浴室、壁櫃。

客房的窗戶也反映一定的舒適感。「窗即景框」，宜「嘉則收之，俗則屏之」。所以，飯店位於海邊時，窗即向海；飯店位於山下，窗則向山。面對絢麗的風光，窗愈大愈能領略環境的優美。廣東珠海石景山莊坐落在石景山麓，客房窗外均能見到優美的景色。有時，在天空與美景的映襯下，精緻的陽臺欄杆也可使客房平添幾分情趣。

窗雖能引進自然風光，但對剛抵達的客人來說卻有遮光的問題。白天休息、睡眠的客人希望窗有良好的遮光性，甚至希望成暗房。一般厚、薄兩層窗簾還達不到好的遮光效果。國外有的飯店用可收放的百頁捲簾或雙層布料厚窗簾，日本一些飯店採用傳統的「幛子」扯板窗方式遮光，均有良好的遮光效果。

2.家具與裝修創造的舒適感

不同國家、不同經濟水準、不同文化素養的客人對客房氣氛有不同的要求：或濃郁粗獷，或清淡細膩，或奢華富麗，或簡潔雅緻。歸納客人心理要求，可以分為兩大類：一類希望客房符合客人本人的生活習慣和水準，走進客房如同回到家中一樣方便舒適，親切愉悅；另一類則希望客房與旅遊地、飯店公共活動部分一樣具有鮮明的地方特色、異國情調，進入客房繼續感受著異鄉客地的空間環境，享受新鮮有趣的異國風情。

飯店客房設計要充分考慮這兩方面的要求，既舒適又有特色。1930年代建造的上海和平飯店，有九國特色套房，分別表現各國的典型建築風格；馳名於世的日本東京帝國飯店既有豪華的西式套房，又有表現濃郁鄉土情調的和式套房。

創造客房氣氛主要依賴家具和裝修。一般雙床房客房家具占客房面積的33%～47%，是客房的主要內容，在人的視覺中占有率很高。家具承擔著相當部分的反映文化傳統、體現民族風格的重任，是飯店設計的重要課題之一。

3.現代設備提供的舒適感

現代科學技術為飯店客房提供了不少可供選擇的設備，這些設備增加了客房的舒適感。與城市聯繫的客房電話是最起碼的條件，使飯店客房電話與其他城市乃至世界各地透過直線撥號聯繫已成了提高舒適度的新要求。飯店專用電話使來自不同國家的客人在不熟悉所在國語言、文字的情況下，無須通話，只要按鍵鈕就能迅速與洗衣、理髮、送熱飲料等有關服務部門取得聯繫，從而馬上服務上門。

呼喚系統使飯店能方便地找到服務員。系統不僅設在客房床頭，有的還設置在浴室中，以便沐浴的客人能呼叫服務員。

音響系統給客房帶來生機，備有音樂、新聞、商情等多種可以選擇的頻道是十分必要的。

電視系統無論是城市電視還是店內閉路電視，與音響系統一樣，是客人消遣娛樂的主要內容。開關控制、頻道選擇及各種微調能否遙控，反映了不同等級的舒適度。

空調設備的微調讓客人有自行調節溫度的可能，來自熱帶、寒帶等不同地區的客人可按照自己的習慣要求調節室溫，以達到主觀感覺的最佳狀態。

4.浴室的舒適感

浴室面積一般為3～7平方公尺，因等級不同，設置設備的數量與大小也不同。一個浴室面積不足4平方公尺會顯得侷促，面積過大也會顯得空曠。

雙床房浴室，若兩位客人同時要使用時就會感到不便，因此有的飯店將馬桶獨立設置，有的將面盆獨置，也有的設置兩個面盆。豪華級飯店客房浴室常將各種衛生設備分開設置，專設洗臉室、洗澡室與廁所，空間均有特殊處理，以產生獨特格局，其面積也大為增加。

浴室的建築五金與水暖五金也是提高舒適感與等級的重要環節。

現代飯店毛巾分類很細，面巾、手巾、小浴巾、大浴巾與墊腳巾等的安放各不混淆，位置明確。為保證毛巾乾燥，毛巾架位置需避免洗浴水珠濺濕，不宜置浴缸頂端；為方便淋浴、盆浴，肥皂架應一高一低；為淋浴時不濕頭髮，淋浴器宜定為170公分高，且應備有淋浴帽；為使客人更清楚地看到自己化妝或刮鬍的效果，浴室還配有具備放大功能的鏡子。浴缸旁的扶手應分坐、立兩種不同高度。它與浴缸高度密切相關，離地尺度應細膩研究。水暖五金中混合水龍頭以一手能控制各種性能為最佳（指一手能控制開、關及熱水、冷水的調節）。

（四）效率原則

效率問題實質上是設計與經營的經濟效益問題。客房設計效率包括空間使用效率、實物使用效率兩個方面。

1.空間使用效率

空間使用效率表現在客房空間的綜合使用以及可變換使用兩方面。綜合使用指一個空間區域的多功能、高效率使用。客房的空間使用可變性是指為了適應市場的變化，客房的類型設置與內部空間及布置也應有一定的可變性。如設置一定數量的連通套房，或者雙床房中有一張床做成的沙發床，以滿足客人白天辦公之用。

2.實物使用效率

提高實物使用效率對設計與經營皆十分重要。客房內實物設計應以「物盡其用」為原則。如家具應儘量減少不必要的抽屜；飾面材料宜採用不易碰壞、不易弄髒的材料。損耗較大的地面可選用塊狀耐磨的人造地毯。

中國多數飯店客房的家具、陳設、裝修、設備未定更新年限，長期以來維持原狀，一次投資，「一勞永逸」。應該參考國外經驗，結合中國國情來制定材料、設備的更新年限。

家具與浴室潔具的維修量大，為便於互換、添補、維修，家具與浴室潔具應儘量減少規格品種，減少備品、備件的種類與數量。

第三節 客房室內功能格局及陳設布置

一、客房室內功能格局

為了滿足客人在客房中的活動（行為），客房應有以下幾個功能空間並配備相應設備。

（一）睡眠空間

睡眠空間是客房最基本的空間，即使等級最低的飯店也必須有這個空間。睡眠空間中最重要的家具是床。床的質量直接影響客人的睡眠。床的質量要求是床墊（即席夢思）與彈性底座有合適的彈性，牢度好，使用時不發出吱嘎聲，可以方便移動及有優美的造型。

床的尺寸

床的種類	尺寸（寬 x 長）
單人床	900mm～1 200mm×2 000mm
皇后級床	1 600mm×2 000mm
雙人床	1 350mm～1 400mm×2 000mm
國王級床	1 800mm～2 000mm×2 000mm

床的高度以床墊面離地500～600mm為宜，也有設計離地400mm的，以求室內寬敞的氣氛。

床頭櫃也是這個空間內的重要家具。現代飯店床頭櫃的功能已可滿足客人的各種基本需求，如：廣播選頻，音量調節，床頭燈、腳燈、房間燈的開關，時鐘，定時呼叫，市內電話與國際電話等等，可向客人提供極為方便的服務。

（二）盥洗空間

客房浴室是客人的盥洗空間。浴室是客房不可缺少的部分，也是顯示飯店等級的一個重要方面。客人可以在浴室透過沐浴消除一天旅遊或工作的勞累，以恢復體力。一般飯店均有設置浴缸、馬桶與洗臉臺三件衛生設備的浴室。

1.浴缸

浴缸有鑄鐵搪瓷、鐵板搪瓷、工程塑料與人造大理石等多種。以表面耐衝擊、易清洗與保溫性良好者為最佳。浴缸尺寸有大、中、小三種：

浴缸	長	寬	深
大	1 680mm	800mm	450mm
中	1 500mm	750mm	450mm
小	1 200mm	700mm	550mm

目前一般均採用中型浴缸，等級高的飯店常用大型浴缸，不少中、低階旅館均採用小型浴缸。浴缸底部的防滑問題值得注意。不少製造廠商為了防止人們在洗澡

時滑倒，在浴缸底部採取了凹凸的或光面毛面相間的防滑措施。

有的客人習慣淋浴，故浴缸上多數附設淋浴器與固定噴頭以滿足客人的需要。經濟飯店也有不設置浴缸而採用淋浴的。

近年來，高級浴缸應運而生，按摩式浴缸就是其中一種。這種浴缸四周與下部設置噴頭，當噴射水流對人體肌膚衝擊時起按摩作用。一些高級豪華飯店競相在豪華套房內裝置「按摩浴缸」，以提高其身價，同時，單設蒸汽淋浴房，以方便客人使用。

2.馬桶與婦洗器（Bidet）

馬桶的尺寸一般為寬360mm，長720～760mm，為滿足客人的使用要求，馬桶前方需有450～600mm的空間，左右需有300～320mm的空間。

一些國家的女士習慣使用婦洗器，因而高級豪華飯店與某些飯店的浴室裡常設有四件衛生潔具，即浴缸、馬桶、婦洗器與洗臉盆。

一些廠商設計了具有馬桶與婦洗器功能為一體的新穎衛生潔具，它具有先進的電器設備，如可預熱的馬桶坐墊，可在便後沖洗並調節沖洗水的水溫。這種衛生潔具的價格比普通馬桶高十幾倍，它將成為豪華飯店的專有設備。

3.洗臉臺

洗臉臺的材質有瓷質、鑄鐵搪瓷、鐵板搪瓷、人造大理石或工程塑料等多種。使用最多的是瓷質洗臉盆，它具有美觀並容易清潔的優點。

浴室也是梳妝的主要場所，客人常自帶不少化妝品，加上飯店為客人提供的各種用品，需要飯店在浴室內提供寬大的化妝臺。現代飯店已把化妝臺與洗臉臺結合為一體。

浴室一般沒有外窗，全部靠人工採光，所以特別要注意照明的光色。只有採用與日光光色類似的三基色螢光燈才能使化妝色彩合適。為保證梳妝所需的照明度，鏡前照明應使光線從人的前上方照到人的臉部。

（三）貯存空間

貯存空間設壁櫃或箱子間。壁櫃一般設在客房小過道側面，當客房開間小時也有設在浴室側面牆處的。

壁櫃可存放衣帽、箱子。壁櫃一般深550～600mm，衣服可垂直牆面掛放，可掛數量較多。有的單人客房或等級較低的飯店客房的壁櫃深度不夠，衣服只能平行牆面掛放，可掛數量較少。壁櫃寬度平均每人不小於600mm。

壁櫃門在小走道開啟，由於外開門會有礙走道交通，故設計做成推拉門或折疊門更好。隨門開啟而亮的壁櫃燈光也是十分理想的。

（四）書寫空間

標準雙人客房的書寫、閱讀空間在床的對面，也有設在窗前。

在這個空間裡，長條形的寫字檯寬500～600mm。臺面一側面較長，可放置電視機。寫字檯的一側面常作為固定行李架，供客人放箱子、開箱取物或整理。寫字檯也可兼作化妝臺，這時牆面上應添加鏡子，鏡子上沿離地高度不小於1 700mm。

（五）起居空間

飯店等級不同，客房的起居休息空間也不同。

套房中有獨立的起居室，並增加沙發數量以用於會客。

在豪華套房、總統套房內，還單獨設置讀書空間與會議空間。在讀書空間備有大型書桌及文房四寶。書櫃中應備有工具書與具有本國特色的書籍。在會議空間則提供十餘人開會用的會議桌椅。一般飯店免費提供茶葉，也在冰箱中提供各種收費的飲料。高級飯店的客房中還設置小酒吧（mini-bar），提供各種小瓶裝的洋酒、中國白酒、葡萄酒和各種飲料與杯具。這種酒吧一般設置在一進門的小走道旁壁櫃一側。標準雙人客房的起居、休息空間一般在窗前區。這裡放置安樂椅（或沙發）、小餐桌或茶几。

二、客房設備的分類與配備趨勢

（一）客房設備的分類

客房設備主要包括家具、電器、潔具、安全裝置及一些配套設施。

1.家具

家具是人們日常生活中必不可少的主要生活用具。客房家具從功能上劃分，有實用性家具和陳設性家具兩大類，其中以實用性家具為主。客房使用的家具主要有：臥床、床頭櫃、寫字檯、軟座椅、小圓桌、沙發、行李架、衣櫃等。客房木質家具要嚴防受潮曝晒，平時應經常用乾布擦拭，並定期噴蠟。

2.電器設備

客房內的主要電器設備有：

（1）照明燈具。客房內的照明燈具主要有門燈、頂燈、地燈、檯燈、吊燈、床頭燈等，他們既是照明設備，又是房間的裝飾品。平時要加強照明燈具的維護和保養，要定期檢修，確保使用和安全。

（2）電視機。電視機是客房的高級設備，可以豐富客人的生活。電視機不應放在光線直射的位置，每天清掃房間時，要用乾布擦淨外殼上的灰塵，並要定期檢修。

（3）空調。空調是使房間一年四季都保持適當的溫度和調換新鮮空氣的設備。各客房的牆面上都有空調旋鈕或開關，風量分「強、中、弱、停」四檔。平時要保持風口的清潔，並定期檢修。

（4）音響。一般在床頭櫃內安裝音響裝置，供客人收聽有關節目或欣賞音樂。床頭櫃上還裝有電視機、地燈、床頭燈的開關，以及傳喚服務員的按鈕等。這些裝置均須定期檢修。

（5）電冰箱。為了保證飲料供應，有些客房內設有小酒吧，在冰箱內放置酒品飲料，客人可根據需要隨意飲用。電冰箱要定期除霜，並根據季節調整溫度。

（6）電話。房間內一般設兩架電話機，一架放在床頭櫃上，另一架裝在浴室。這樣，客人就不會因在浴室而影響接電話。每天要用乾布擦淨電話機表面的灰塵，話筒要每週用消毒水消毒一次，並定期檢修。

3.衛生設備

浴室的設備主要有洗臉臺、浴缸、馬桶等。洗臉臺上一般裝有面鏡。浴缸邊上有浴凳、浴簾，下面鋪有膠皮防滑墊，有冷、熱水龍頭和淋浴噴頭。飯店裡一般有恆溫器，能自動供熱水；還有衛生紙架、毛巾架及通風設備等。洗臉臺、浴缸、馬桶要清潔消毒，保持乾淨。水龍頭、淋浴噴頭和水箱扳手等金屬設備每天要用布擦淨、擦亮。要定期檢修上、下水道和水箱，以免發生下水道堵塞和水箱漏水的事故。

4.安全裝置

為了確保賓客的生命、財產安全，預防火災和壞人肇事，客房內一般都裝有煙霧感應器，門上裝有窺鏡和安全鏈，門後張貼安全指示圖，標明客人現在的位置及安全通道的方向。樓道裝保安電視，可以監視樓層過道的情況。客房及樓道還裝備自動滅火器，一旦發生火災，安全閥即自動熔化，水從滅火器內自動噴出。安全門上裝有晝夜明亮的紅燈照明指示燈。凡屬防火、防盜的安全設施應經常檢修保養，以免因損壞或失靈造成嚴重後果。

（二）客房設備配置的新趨勢

客房作為飯店出售的最重要有形商品之一，設備設施是構成其使用價值的重要組成部分。科學技術的發展及賓客要求的日益提高促使酒店客房設備配置出現了一些新的變化趨勢，這些變化趨勢主要體現在人性化、家居化、智慧化和安全性等幾個方面。

1.人性化趨勢

作為現代化的酒店，在客房設備配置上也應體現「科技以人為本」的原則。「以人為本」就是要從賓客角度出發，使客人在使用客房時感到更加方便，感受更加舒適。比如：傳統的床頭控制板正在面臨淘汰，取而代之的是「一鈕控制」的方式，也就是說，客人晚上睡覺時只需按一個按鈕就可將室內所有需要關掉的電器、燈光關掉。又如，客房中的連體組合型家具不但使用起來不方便，而且使得飯店客房「千店一面」；而分體式單件家具可以使客房獨具特色，而且住宿時間稍長的賓客還可按自己的愛好、生活習慣布置家「居」，豈不愜意？

2.家居化趨勢

家居化趨勢主要體現在以下幾個方面：

首先是客房空間加大，浴室的面積更是如此。其次是透過客用物品的材料、色調等來增強家居感。比如多用棉織品、手工織品和天然纖維編織品，普遍放置電熨斗、熨衣板；浴室浴缸與淋浴分開，使用電腦控制水溫的帶沖洗功能的馬桶。另外，度假區酒店更是注重提供家庭環境，客房能適應家庭度假、幾代人度假、單身度假的需要；兒童有自己的臥室，電視機與電子遊戲機相連接等。

3.智慧化趨勢

可以說智慧化趨勢的出現將人性化的理念體現的最為淋漓盡致。因為在智慧化的客房中，賓客可以體驗如下美妙感受：客房內將為客人提供上網瀏覽等Internet服務，客人所需一切服務只要在客房中的電視電腦中按鍵選擇即可；客人更可以坐在螢幕前與商務夥伴或家人進行可視訊的面對面會議或交談；賓客可以將窗戶按自己的意願轉變為美麗的沙灘、遼闊的大海、綠色的草原；還可在虛擬的客房娛樂中心參加高爾夫球等任何自己喜愛的娛樂活動；房間內的光線、聲音和溫度都可根據客人個人喜好自動調節。

4.安全性日益提高

安全的重要性是不言而喻的，但這需要更加完善的安全設施加以保障。比如，客房樓道中的微型監控系統的應用；客房門上的無匙門鎖系統，客房將以客人指紋或視網膜鑑定客人的身分；客房中安裝紅外線感應裝置，使服務員不用敲門，只需在工作間透過感應裝置即可知客人是否在房間，但卻不會顯示客人在房間中的行為。另外，床頭櫃和浴室中安裝緊急呼叫按鈕，以備在緊急情況下，酒店服務人員與安保人員能及時趕到，這些設施大大增強了客房的安全性，同時，又不會過多打擾客人，使客人擁有更多的自由空間而又不必擔心安全問題。

三、客房室內陳設布置

飯店客房室內設計的內容可分為色彩運用、織物裝飾、用品配置等幾個方面。飯店客房管理者要根據客人的文化素養、習慣、愛好，創造符合客人生理、心理需求，使客人能舒適地獲得精神享受的室內環境。

（一）客房的色彩運用

在人們的視覺感知過程中，色彩是比形體更令人注意的現象，它能影響人的情緒，製造氛圍、情調。因此，如何創造生動而協調的飯店客房室內的色彩效果，是飯店客房管理者必須研究的一個重要問題。

1.色彩的概念

（1）原色、二次色和三次色

自然界可以用肉眼辨別的顏色有許許多多種，但基本的只有紅、黃、藍色，色彩學上稱三原色。原色之間按一定比例可以調配出各種不同的色彩，而其他色彩無法調配出原色。僅兩種原色調出的色彩，稱為二次色。如紅加黃產生橙色，紅加藍產生紫色，黃加藍產生綠色。

（2）色調

色調即色彩的品名，色彩一般有紅、橙、黃、綠、青、藍、紫七色。

色彩又可分為暖色與冷色兩類。紅、橙、黃之類稱暖色，藍、綠、紫之類稱為冷色。暖色能給人帶來溫暖、親切、熱烈、活躍的心理效果；冷色則能給人帶來寧靜、遙遠、輕快的心理效果。因此，朝北的房間由於缺少陽光，一般需用明快的顏色，而朝南的客房則需要較冷的顏色。

（3）色彩的三要素

自然界的色彩千變萬化，但仔細分析，不外乎三個基本屬性，即色相、明度和彩度。

①色相。色相是色彩的相貌（或叫色別）。一般來説，能確切地表示某種顏色色別的名稱，都代表著一種色相。

②明度。明度是指色彩的明亮程度。不同色相有明度區別，如光譜中黃最亮，明度最強；紫最暗，明度最低。同一色相也有明度區別，如同樣是紅，深紅比淺紅明度低；同樣是綠，深綠比淺綠明度低。在客房室內配色中，一般平頂明度最強，牆面次之，地面明度最低。淺色能使房間顯得大，而深色則相反。

③彩度。彩度指色彩的飽和度，即純淨程度，因此也稱為純度。一種色彩越接近於某個標準色，越醒目，彩度也越高。標準色加白色，彩度降低而明度提高；標

準色加黑色，彩度降低而明度也降低。一個標準的紅色彩度最高達 14，青色彩度達 16。而室內使用色彩的彩度一般不超過 4，過高的彩度容易使人眼睛疲勞。只有標誌或點綴物才採用高彩度的色彩。

2.色彩的協調

色彩的協調給人以舒適、愉快的感覺，反之則給人以不滿、煩悶與失望的感覺。色彩的協調有調和色彩的協調與對比色彩的協調兩種。習慣使用的是調和色彩的協調。

（1）調和色的協調

調和色是同種色調改變明度與彩度而得來的系列色。採用這些色彩用於同一室內很容易獲得協調的效果。若干種低彩度的、不同色調的色彩同時用於室內往往也能獲得調和色的協調效果。

（2）對比色的協調

對比色有紅色與綠色、黃色與紫色等。「萬綠叢中一點紅」則是生活中對比色協調的例子，其原因在於對比色的運用必須有一定的面積差。在客房室內設計中，往往採用大面積的背景色彩，然後在局部地方採用小面積的強烈的對比色，可取得十分協調的效果。

（二）客房的家具陳設

家具是飯店客房室內布置的主要內容。在室內除了建築部分外，從功能、數量和所占空間來看，家具都占有主導地位。現代飯店客房室內裝飾，對家具在尺度、數量、位置，以及風格上都要有精心的計劃。

1.客房家具種類

客房家具按用途分，一種是為供客人休息、活動的家具，如沙發、座椅、茶几、床、床頭櫃、化妝臺、小餐桌等；一種是為貯存物品用的家具，如客房壁櫃、迷你酒吧、套房物品櫃等。

客房家具按材料分，有木製、竹製、籐製、金屬製、塑料製以及各種軟墊家具等。木製家具造型豐富，有親切感，在客房中使用最廣泛。竹製家具清新涼爽。籐製家具質地堅韌、色澤素雅，造型多曲線。金屬家具輕巧、靈活，適用於工業化大批生產，在經濟級飯店中偶有使用。

2.客房家具選擇

選擇家具是客房家具布置的準備工作。選擇客房家具，既要考慮功能，又要注意美觀。家具功能選擇的原則是：實用舒適，尺度合理，質地堅實，易於清潔。家具選擇的原則是：格調統一，色彩協調，式樣美觀。

客房家具選擇還要考慮區分等級規格。同樣是客房，有標準房、套房、豪華套房和總統套房等。不同規格的客房對家具的數量、質量、類型的要求都不相同。

3.客房家具布置

為了營造良好氛圍，飯店客房家具都是成套成組配置的，以構成空間中的空間。各種單件家具，隨著環境要求作不同的組合，就可形成不同效果的空間。

家具布置設計的原則：一是要有疏有密。疏者，留出人的活動空間；密者，以家具組成人的休息、使用空間。二是要有主有次，即突出主要家具、設備或陳設，其餘作陪襯。以標準客房為例，家具的擺放通常分為寧靜區、明亮區和通道三個區域。寧靜區布置睡眠家具的床和床頭櫃。明亮區布置會客、起居用的沙發和茶几。通道區布置長條形多功能櫃。

（三）客房的用品配置

為滿足客人在客房中生活的需要，飯店在客房中除配備各種家具、設備之外，還應配置各種用品供客人使用，真正為客人創造一個舒適、方便的生活環境。同時，這也能提高客房的吸引力和規格，不僅讓客人感到飯店對其住店生活的關心，還能使客人更容易接受飯店的房價，有「物有所值」之感。另外，飯店通常在客房用品上印有飯店的名稱、標誌及地址、電話等，使之成為宣傳飯店、擴大飯店社會影響的銷售手段之一。

客房用品包括客房供應品及客房備用品兩種。客房供應品是指供客人一次性消耗使用或用做饋贈客人而供應的用品，如沐浴用品、信封、明信片、針線包等，因此也稱為客房消耗品。客房備用品是指可供多批客人使用，客人不能帶走的客房用品，如布件、煙灰缸等。下面以一個標準房客房為例，介紹客房內應配置的供應品及備用品。

1.房間用品

放置部位	備用品	供應品
床	床單、毛毯、枕芯、枕套、床罩、絲綿被等	
床頭櫃	電話使用說明	便條紙、筆、簡易拖鞋、擦鞋布（紙）套
書寫桌	飯店介紹冊、服務指南、安全須知、房間用餐菜單、菸灰缸	信封（航空及普通）、信紙、明信片、電傳及傳真用紙、筆、行李箱貼、賓客意見書、購物袋、洗衣袋、洗衣登記單
小酒吧	水杯、冰箱、起瓶蓋器	杯墊、紙巾、調酒棒、小酒吧使用計費單
軟座椅桌	茶杯、熱水瓶、菸灰缸	茶葉、火柴
壁櫥	衣架、折疊式行李架	

2.浴室用品

放置部位	備用品	供應品
洗臉檯	漱口杯、面紙、毛巾、菸灰缸	牙具、面紙、肥皂、沐浴乳、洗髮精、浴帽、梳子、指甲刀具、剃鬚刀片
坐式馬桶旁	廢紙簍	衛生紙、衛生袋
浴缸邊	浴巾、腳墊巾	肥皂

除上述用品外，客人或許會提出要一些較特殊的用品。對此，客房部可備些這樣的用品供客人租借使用。

上面所列的客房用品只是標準房客房所應配置的。在普通套房、豪華套房、總統套房內，還應配置相應的特殊用品，在此不一一列舉。

不同飯店的各類客房由於等級、規格、風格不同，在配置客房用品上可根據各自的經營決策及實際需要而增減，形式、規格也可不求一致，但不能違背經營原則，不降低客房規定標準，要從滿足客人需求出發，使客房的「價」與「值」保持一致。

（四）客房的照明藝術

光是創造室內視覺效果的必要條件，為了進一步創造良好的客房室內視覺效果，體現室內空間，增加客房室內環境舒適感，必須對飯店客房照明進行設計。

1.照明概述

（1）燈具分類

燈具按裝設位置與狀態分類，主要有以下幾種：

①天花板燈具。有吸頂燈、吊燈、鑲嵌燈、柔光燈等。現代式吊燈簡潔、別緻；古典式吊燈繁複、精緻；鑲嵌燈則柔和而又有現代感。

②牆壁燈具。有壁燈、窗燈、穹燈等。其中，壁燈的形式複雜，有現代式的，也有古典式的；有民族式的，也有西式的；散光方式大都為間接照明或擴散式照明。

③可移動燈具。有落地燈和檯燈。落地燈和檯燈通常由燈座、燈頭和燈罩幾個部分構成。

（2）照明光源

現代照明光源幾乎都是以電能作為能源。用於照明的電光源，按發光原理可分為白熾燈和螢光燈兩大類。

白熾燈是透過燈內的鎢絲升溫而發光的，由於鎢絲的長短粗細不一而產生不同的光，其光色偏於紅黃，屬於暖色。

螢光燈是靠低壓汞蒸氣入電而產生紫外線，紫外線再刺激管壁的螢光物質而發光的。螢光燈的光色分為自然光色、白色和溫白色三種。自然光色是直射陽光和藍色空光的混合，其色偏藍，給人以寒冷的感覺。白色的光色接近於直射陽光。溫白色的光色接近於白熾燈。

（3）照明方式

依燈具的散光形式，照明可分為直接照明、間接照明、混合照明和散射照明等多種（見圖2-6）。

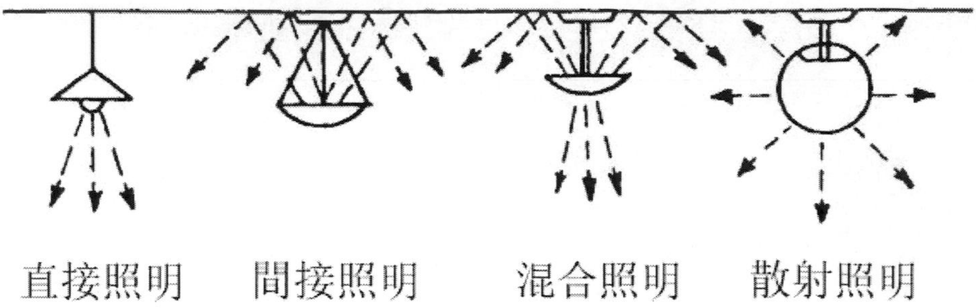

圖2-6 照明方式

直接照明無間隔，不靠反射，其特點是發光強烈，投影清楚，使物體產生鮮明的輪廓，對一些藝術品的光照可以產生特殊的效果，但作為生活照明，應避免直接對著人的眼睛。

間接照明依靠反射發光，燈光一般照在天花板或牆角，然後反射到房間，很少有投影，不刺激眼睛，且產生天花板與牆變高的感覺。

混合照明是直接與間接相結合的一種照明。如以直接照明為主，稱半直接照明；如以間接照明為主，稱為半間接照明。

散射照明的燈光射到各個角度，光線亮度大體相等，感覺柔和。

2.客房照明設計

（1）照明方法選擇

客房照明一般採用局部照明手法，即局限於某個部位的固定的或移動的照明，它只照亮一個有限的工作區域。對客房內不同部位，照明的要求也不同。客房臥室一般選用低強度的普通光，作擴散照明。在床頭、寫字檯、座椅旁、衣櫃處、過道頂都設有局部照明的專用燈。客房浴室採用中強度的普通光，在穿衣鏡和修面鏡前應設置能清楚照明的燈具。

（2）照明設計要點

①客房照明設計的基本功能要求是照度適當，使客人與服務人員能看得清，看得舒服。

②客房照明除了滿足基本功能之外，還應達到照明的藝術性，渲染客房室內環境。燈具座、燈罩樣式的選擇，應與室內裝修風格相對應。

③提高燈具的利用效率，節約能源，降低照明費用。

④選擇安全可靠的燈具，以利於日常維修與管理。可移動燈具的拖線應安排在隱蔽部位。

第四節 特殊客房樓層的配置

旅遊飯店客源的多元化需求使飯店除擁有各種基本房間類型以外，還必須配置各種特殊房間或樓層來滿足不同賓客的要求。近幾年，中國國內外飯店中出現的各種特殊房型既滿足了賓客的特殊要求，更體現了飯店客房產品應市場之需而變的經營理念。

現將這些特殊房間（樓層）作一簡要介紹：

一、行政樓層（客房）

行政樓層簡稱EFL（Executive Floor），又可稱為商務樓層，最早出現在北京和廣州的一些四、五星級的豪華飯店中，其面向的客源市場是以一些大集團、大公司的高級商務客人為主。行政樓層的突出特點是：以最優良的商務設施和最優質的服務，為商務客人高效率地投入緊張工作提供一切方便。一般而言，住行政樓層的商務客人希望所住客房內的設施、物品等除滿足住宿需要外，更能適合辦公與洽談；

同時，這些客人也很想避開那些嘈雜的觀光旅遊客，而擁有一個幽雅舒適的環境。這使得行政樓層必須提供以下主要服務或設施：

（一）入住服務

入住行政樓層的商務客人不必在酒店總臺辦理入住登記手續，而直接乘專用電梯上到EFL，EFL專門設接待處為客人辦理入住。而對於一些EFL的常客，更是可以由EFL的高級接待員拿事先填好的登記單，陪同客人先進入房間，在房間裡請客人在登記單上簽名即可。

（二）房間設施

考慮到行政樓層的特點，EFL 的房間設施充分體現了商務功能。房間至少為兩間一套，一間作為臥室，一間作為辦公室。通常還在辦公室中配備小型談判桌。另外，傳真機、影印機、兩條以上電話線、Internet接口、電話語音留言、電視點播系統（VOD）、電視電腦系統等成為行政樓層客房內的特有設施。

（三）日常服務

在EFL，通常都會有小型的咖啡廳，早上為客人提供西式自助早餐，下午為客人提供下午茶服務。為使商務客人及時瞭解商情資訊，EFL通常都有專門的閱覽室，其中備有最新的商情資訊、報刊，為客人提供祕書服務。提供文祕服務的小型商務中心通常也和閱覽室毗鄰或將兩者合二為一。

由於具備了上述主要服務和設施，EFL 往往被稱為「酒店中的酒店」（店中店）。

二、全套房飯店（樓層）

全套房飯店（樓層）（Hometel，All-Suite hotel or floor）是以略高於一間客房的價格銷售給賓客兩間客房並為其提供有限服務的一種飯店（樓層）。

全套房飯店這一全新概念誕生於1980年代。商務客人是全套房飯店的主要客源市場。在全套房飯店形成之初，它既不向客人提供傳統的餐飲服務，也沒有寬敞的公共活動空間及會議室，而是為客人提供一套包括客廳及帶有浴室的單獨臥室的客房，客廳裡配有冰箱，小廚房裡為客人預備了微波爐、煮咖啡器。當時所提供的餐飲服務僅是一種歐陸式早餐及每晚在大廳咖啡廳提供夜點。

1994年，美國出現了新一代全套房飯店——延住型酒店（under-stay hotel），它是面向入住超過（含）五天以上的遊客及有明確理由使用這類酒店的客人的。

延住型酒店為客人提供的客房設施包括：一套帶有工作間及一至二間臥房的客房，或者由全部是工作間，或全是臥房組成的套房。套房的小廚房內設有爐灶、微波爐、煮咖啡器、冰箱、洗碗器，帶廢物處理管道的水池，刀叉餐具及盤碟，有時甚至還有烤麵包機，熨斗及熨衣板都是標準的。起居室中配備有彩電及錄影機。客房中有直撥電話、留言服務系統等。

三、女士客房

（一）產生背景

根據美國旅行資料中心20世紀末的統計顯示，1970年商務旅遊者中婦女人數只占總人數的1%，而現在已上升到39%左右。女性遊客特別是商務女性客人人數上升主要由於經濟、觀念、家庭等因素。

1.經濟原因

隨著經濟的發展，女性就業人數越來越多，職業女性們有自己的儲蓄，有條件自主支配自己的時間和金錢，因而也就有了旅遊的基礎。

2.價值觀念轉變

現代婦女運動提倡男女平等，強調女性生活要以自我為中心，要自主獨立，女性的價值觀念由此發生了很大改變。經濟的發展，收入的增加，為她們瞭解世界、享受生活提供了物質保障。價值觀的轉變更使她們有了外出旅遊的精神支持。

3.家庭因素

家庭中角色地位的轉變，導致了家庭旅遊方式的轉變。女性因此更有可能外出公務、旅遊、度假。

上述原因直接導致了世界各地主要商務中心城市酒店調整經營策略，更加重視女性客源市場，女性客房應運而生。

（二）女士客房設施及服務要求

西方有句諺語，叫做「酒店是男人為男人設計的」。由此可見，現代飯店要想滿足女性賓客的要求，就必須充分考慮這方面的因素，設計出女士們喜愛的客房。

據調查，女商務客人平均年齡比男客人小六歲。她們平均每年出差十至十二次，其中40%是參加會議，在一個地方逗留天數通常要比男商務客人多，在選擇飯店時，她們更重視安全和便捷，要求客房清潔、舒適、寬敞、明亮，色彩略顯豐富，色調應相應柔和一些；房間裡有可掛連衣裙的高衣櫥及足夠的衣架；要有良好的燈光及照明，以便於梳妝打扮，並有可擺放美容化妝品的大梳妝臺；有設在浴室內的晾物架；如有可能，她們之中有很多人還希望服務到客房；希望臥房與會客室分開；希望有可供減肥的食品和飲料以及全天的客房服務和完善的商務服務。

但是，在推出女士客房及服務時也應注意以下幾點：一是要讓女性客人像所有賓客一樣得到禮貌和尊敬，採取的服務及設施不能使她們感到彷彿是在接受一種特別的恩惠。二是應考慮到大多數女性商務旅遊者不願以弱者的姿態出現在公眾面前。三是在房內設施用品的配置上一定要注意「男女有別」。如臥室內的報刊雜誌，女士讀的常與男士有很大不同，浴室裡的洗漱用品，女士使用的品種質量自然更勝一籌。最後也是最重要的一點是，女士對安全方面的要求比男士苛刻很多。

四、無煙樓層（客房）

專供非吸煙賓客入住，並為賓客提供嚴格的無煙環境的客房稱為無煙客房。這裡所說的無煙客房不僅是指房間裡沒有煙灰缸，樓層有明顯的無煙標誌，而且還包括進入該樓層的工作人員、服務人員和其他賓客均是非吸煙者，或者對於吸煙的房客而言，他在進入該樓層或房間時被禮貌地勸阻吸煙。

無煙客房的出現雖然僅指非吸煙這一點而言，但其在尊重賓客的生活習慣，倡導健康生活觀念方面的作用都是不可小覷的。

五、身心障礙者客房

在中國《旅遊涉外飯店星級評定及劃分》中，對身心障礙者設施的要求做了基本規定。根據世界上一些國際飯店集團的標準和中國飯店的具體情況，一些有關身心障礙者客房的細化標準供參考如下。

1.關於電梯。宜安裝橫排按鈕，高度不宜超過 1.5m。

2.關於客房。出入無障礙，門的寬度不宜小於0.9m。不宜安裝閉門器或其他具有自動關閉性的裝置。門上分別在高1.1m和1.5m處裝有窺視鏡，門鏈高度不超過1m。床的兩邊裝有扶手，但不宜過長，應方便客人從輪椅上上床。窗簾宜用電動裝置，按鈕高度為1.2m左右。火警報警裝置除有聽覺報警器外，還應裝有可視性火警裝置。房內電器插座高度不宜超過1.2m。

3.關於浴室。入口處無臺階，浴室門寬度不宜小於0.9m，門與廁位間的空間距離不小於 1.05m，洗面盆臺面高度在0.7m左右，洗面盆臺面下應無影響輪椅運行的管道等障礙物。坐便器高度為43cm左右，坐便器一側裝有70cm左右的水平方向扶手。在浴缸邊側的牆體上裝有離地面 60cm左右高的垂直方向的扶手一個；在高度為距浴缸平面20cm左右處裝水平方向扶手一個；所有扶手應安裝牢固，並能承受100公斤左右的拉力。毛巾架及掛衣鉤的高度不宜超過地面高度1.2m。淋浴應採用滑動式可調節噴淋器，並配有 1.5m左右長的金屬軟管。

應該講，隨著客人要求的提高，有多少需求就可能有多少客房種類的出現。但是每間飯店應有自己相對明確的市場定位，在對自己目標市場進行仔細分析，充分調查瞭解的基礎上，才能設計出真正滿足賓客需要的客房產品。切不可盲目跟風，生搬硬套，這不但浪費飯店寶貴的發展資金，更無法切實地滿足賓客需要。

案例

高科技武裝　客房更聰明

當客人打開房門，旅館房間就可以將室溫調到最適宜的溫度，利用床邊觸控式螢幕可調節窗簾，房客小睡時，它還會將來電資訊存入語音信箱。這些屬於未來夢想的成果，現在的旅館均可以辦到。

位於加拿大溫哥華國際機場旁的一家新旅館Fairmont Hotel，是最新也是最全面性的用高科技裝備的旅館之一。美國 INNCOM國際公司為這家擁有 392間客房的旅館設計了這套系統。在各個客房之間串聯一種室內動態行為感測系統，旅館員工知道客房是否在使用狀態——就算房客在房內什麼也不做，系統也會知道房內有人。旅館的服務人員只要在房門前揮動一下感測器，如果房內有房客，感測器上的紅燈就會亮起，服務人員就不必敲門打擾到房客。

在北美，費爾蒙溫哥華機場也有一項特色服務。那就是旅客到達該機場後，可以在行李區的服務臺辦理旅館投宿登記。旅客可以拿到房間的進出卡片，行李則由機場方面送到房間。INNCOM系統會接到登記資訊，會將房間的溫度從「能源節約模式」調到室溫，門廊等和地板燈自動打開。常住客人所關注的細節、所喜歡的事物都可寫入程式，自動啟動。

不僅如此，客人還在房內就可以拿到登機證了，航空公司的服務人員上門服務，還幫他們把行李運到航空站。

本章小結

1.作為飯店最主要產品的客房，其最初設計布置成功與否將直接影響飯店日後經營的成敗。

2.客房產品的設計主要應遵循安全、健康、舒適和效率原則。其中，安全原則是其他各項原則的基礎。

3.為滿足客人在房間中的各種生活需要，客房中應有不同的功能空間及相應的設施設備，合理的空間格局和完善的生活設施是體現客房產品價值的重要組成部分。

4.隨著飯店業的發展和客人需求的不斷提高，客房設施設備的配置應跟上時代潮流，充分反映人性化、家居化、智慧化和安全性的趨勢。

5.近幾年在飯店中出現的特殊樓層和客房使飯店的經營方式和產品形式更加多樣化，同時也使客人有了更多的選擇餘地。

思考與練習

1.做好客房產品設計有何意義？

2.確定客房類型配置的原則是什麼？

3.飯店客房有哪幾種類型？各有什麼特點？

4.走訪你所在城市的幾家三星級以上的酒店，敘述他們的客房樓層建築結構的類型及特點。他們有哪些客房種類？主要的客源類型有哪些？

5.敘述客房的基本功能空間及配置的設備用品。

6.客房設計布置的原則有哪些？

7.如何理解客房設施配備新趨勢中的人性化問題？單從客房設計的角度而言，如何理解智慧化和人性化的關係？

8.客房室內設計包括哪些主要內容？應注意哪些方面的問題？

9.客房照明方式有哪幾種？各有什麼特點？

10.客房產品設計如何跟上時代的發展並恰到好處地反映客人需求？

第3章 客房服務管理

導讀

飯店是旅遊者在旅行目的地暫時居留的場所，客房是客人在旅途中的「家」。客人住進飯店後，在客房中逗留的時間最長，因此，客房是否清潔衛生、裝飾布置是否美觀宜人、設備與用品是否齊全、服務項目是否周全、服務人員是否熱情周到，對客人都有直接的影響。客房服務質量的高低，客人感覺最敏銳、印象最深刻，是衡量飯店「價」與「值」是否相符的主要依據。客房服務水準在一定程度上反映了整個飯店的服務水準，是衡量飯店服務質量高低的主要標誌。

學習目標

瞭解客房服務模式的特點，把握選擇客房服務模式的依據

領會客房服務項目設立的原則

牢記客房服務項目的內容及有關工作程序

掌握客房服務質量包含的內容

掌握客房服務質量控制的方法

理解客房安全工作的意義，樹立強烈的安全意識

第一節 客房服務模式

飯店的客房服務形式主要有樓層服務臺和房務中心（客房服務中心）兩種。

一、樓層服務臺

（一）樓層服務臺的設立背景

作為中國旅遊飯店特有的客房服務形式，在飯店客房區域每個樓層設立服務臺已沿用至今，它是中國傳統的接待型賓館、飯店的產物。樓層服務臺受客房部經理和主管的領導，24小時設專職服務員值班，同時與總臺保持著密切的聯繫。

（二）樓層服務臺的優缺點

作為一種傳統的接待服務形式，樓層服務臺有其弊端，但也有其特有的優勢。

1.優點

給客人以親切感。這是樓層服務臺最突出的優點，也是最能體現、最能代表「中國特色」的優點。由於樓層值班人員與客人的感情交流，更容易使客人產生「賓至如歸」感。

安全、方便。由於每個樓層服務臺均有服務人員值班，因此對樓層中的不安全因素能及時發現、匯報、處理；同時，客人一旦有疑難問題需要幫助，一出門就能找到服務員，極大地方便了住客，使客人心裡有踏實感。在以接待內賓會議客人為主的飯店裡，以及一些豪華飯店裡，樓層服務臺仍受到客人們的歡迎。

有利於客房銷售。對於有關客人入住、退房、客房即時租用情況等，樓層服務臺能及時準確地掌握，這有利於櫃臺的客房銷售工作。

能加快退房的查房速度，避免使結帳客人等候過久，產生不愉快感受。

2.缺點

勞動力成本較高。由於樓層服務臺均為24小時服務，要隨時保證有人在崗，因此僅值班一個崗位就占用了大量的人力，由此給飯店帶來較高的勞動力成本。在勞動力成本日益昂貴的今天，許多飯店淘汰這種服務模式的最主要原因即在於此。

管理點分散，服務質量較難控制。分布在每個樓層的服務臺勢必造成管理幅度的加大，每個服務員的素質水準多少又有些差異，一旦某個服務人員出現失誤，將會直接影響整個飯店的聲譽。

易使客人產生被「監視」之感。生活在現代社會的人們，尤其是一些西方客人對自身的各種權利非常重視，特別是個人的隱私權。因此，出入飯店的客人更希望有一種自由、寬鬆的入住環境，再加上有些飯店的值班人員對客人的服務缺乏靈活性和藝術性，語言、表情、舉止過於機械化、程序化，更使客人容易產生不快，甚至感覺出入客房區域受到了「監視」。

二、客房服務中心

（一）客房服務中心的設立背景

隨著中國旅遊飯店與國際標準的接軌，國外飯店管理集團的大量湧入，同時也考慮到儘量減少對入住客人的干擾，降低飯店經營成本，近幾年興建的飯店大多採用了客房服務中心的形式。即不在樓層設立服務臺，客人住宿期間的服務要求由與客房部辦公室相連的客房服務中心統一協調。服務中心實行24小時值班制，設兩部以上電話，值班人員接到客人要求提供服務的電話後，透過飯店內部的呼叫系統通知客人所住樓層的服務員上門為客人服務。

（二）客房服務中心的優缺點

作為從國外引進的一種服務形式，服務中心在實際運轉中也有其利弊。研究其利弊對提高客房管理水準，以及為進一步完善這種形式，使之更適合中國旅遊飯店的客房管理工作都具有重要的意義。

1.優點

首先，從對客服務的角度來看，客房服務中心最突出的優點就是給客人營造了一個自由、寬鬆的入住環境；同時，使客房樓面經常保持安靜，減少了對客人的過多干擾。另外，由於客人的服務要求由專門的服務人員上門服務，能讓客人感到更多的個人照顧，符合當今飯店服務行業「需要時服務員就出現，不需要時就給客人多一些私人空間」的趨勢。

其次，從客房管理工作角度來看，採用服務中心的形式加強了對客服務工作的統一指揮，提高了工作效率，強化了服務人員的時效觀念。服務資訊傳遞渠道暢通，人力、物力得到合理分配，有利於形成專業化的客房管理隊伍。尤為重要的是，採用服務中心的形式大大減少了人員編制，降低了勞動成本，這在勞動力成本日益提高的今天尤顯重要。

2.缺點

採用服務中心的形式同樣存在一些不足。比如：由於樓層不設專職服務員，給客人的親切感較弱，弱化了服務的直接性；遇到一些會議客人、團體客人時，他們的服務要求一般較多，讓客人不停地撥打服務中心的電話，客人必定會不耐煩。如果有些客人出現一些急需解決的困難，服務的及時性必將受到影響。另外，採用服務中心的形式對樓層上的一些不安全因素無法及時發現、處理，在某種程度上影響了住客的安全感。

目前，中國大部分中、高等級的飯店都採用了客房服務中心這一模式。

除了以上兩種模式外，還有些飯店採用既設立客房服務中心又設立樓層服務臺的綜合模式。白天，樓層服務臺有專職服務員，因為白天樓層事務以及對客服務工作比較多，樓層服務員的工作量也比較大，而在夜間大多數客人都休息，對客服務工作也比較少，一般可不安排專人值班。如果客人有什麼服務需要，可由夜班服務員提供。夜班服務員一般在客房服務中心待命，上樓層提供服務時，將電話轉移至總機，由總機接聽服務電話。

三、選擇客房服務模式的依據

飯店到底選擇哪種服務形式，均要根據飯店自身的實際情況及客人的需要。比較理想的服務形式應是既體現飯店自身的經營特色又能受到絕大多數客人的歡迎。在實際運作時，下面幾個因素可供參考：

首先，考慮本飯店的客源結構、等級。如果飯店客源結構中外賓、商務散客占絕大多數的話，則可採用服務中心的形式；如果飯店以接待會議團隊客人為主，且又以內賓占絕大多數，採用樓層服務臺的形式更合適；如果客源構成比較複雜，則可考慮將兩種形式結合，比如白天設樓層值臺，晚上由服務中心統一指揮協調，只是應在服務指南中向客人說明。

其次，要考慮飯店自身的硬體條件，這主要包括：

飯店的垂直交通問題。有些飯店在建築設計之初沒有考慮到配備員工電梯，或電梯數量嚴重不足，在這種情況下如果仍採用客房服務中心勢必會影響對客服務的速度。

飯店的通訊條件。飯店的通訊條件是指能否確保客房服務中心與樓層服務員的及時溝通。因此，飯店通常採用店內尋呼系統，此外，飯店還可根據建築形狀，考慮裝用子母機電話。如果沒有良好的通訊條件，客房中心就無法迅速把客人的需求及其他對客服務資訊傳遞給樓層服務員。

要考慮安全監控系統、鑰匙系統是否完善，能否適應客房服務中心的需要。

考慮飯店的建築特點。客房是集中在一幢建築裡，還是分散在各個小樓或別墅裡，不同類型的建築對服務模式有不同的要求，飯店應分別考慮。

第三，要考慮飯店自身的安全條件。飯店所在地區的治安情況及本飯店的安全設施是否完備，也是選擇客房服務模式時應考慮的因素。安全性高、安全設施完善的飯店，採用客房服務中心比較適合；反之，則採用樓層服務臺比較好。

最後，要考慮本地區的勞動力成本的高低。經濟發達地區勞動力成本較高，飯店相對採用服務中心的形式就比較多。反之，則採用樓層服務臺的比較多。當然，這樣的情況也不盡然，在有些大城市的豪華飯店裡，由於當地勞動力市場的原因，這些飯店大量僱用了內陸城市的一些旅遊職校的學生和內陸打工人員。由於這些勞動力成本較低，飯店又能保持高檔的人工服務，因此，在一些大城市的豪華飯店裡仍有不少採用了樓層服務臺的形式。

第二節 客房服務項目及內容

構成客房服務的要素有兩個方面：一是滿足客人物質享受的要求，即為客人提供一個宜人的住宿環境；二是滿足客人精神享受的要求，即提供優質多樣的服務。及時瞭解不同類型的客人對客房服務的基本需求是我們應認真研究的問題。

一、住客的類別及對客房服務需求的分析

（一）團體旅遊觀光客

團體旅遊觀光客以遊覽、參觀為主要目的，行動非常統一，進出店時間有規律，最突出的要求就是住好、吃好、玩好。針對這些需求特點，在服務工作中應根據其進出飯店的時間，注意做好早晚服務工作。如早上叫醒服務要準時，提前送水，早上離店後按時整理好房間；晚上客人進店前備足開水和冷開水，調節好室溫。接受客人的委託服務如洗熨衣服、擦皮鞋、沖洗底片等要主動熱情、保證質量、及時周到，努力為客人創造一個良好的居住環境，使他們能有充足的精力、愉悅的心情完成他們的旅行活動，從而對飯店留下美好的印象。

（二）商務散客

據統計，全世界所有飯店客源中，商務旅遊者占了53%，其支出至少占全球旅遊觀光消費的2/3強。因此，瞭解商務客人在商務旅遊中的需要和偏好，對飯店經營者至關重要。因此，有必要對商務散客的需求加以分析。

他們對飯店的設施設備要求很高，如完備的商務中心、先進的通訊設備等，喜歡住高檔客房，同時希望房間的布置有特色而非千篇一律。他們消費水準較高，對服務要求也高，並希望飯店提供個性化服務。因此，對於商務客人的房間來講，設備設施應充分考慮辦公條件，如寬大的辦公桌、舒適的座椅、明亮的燈光、充足的種類齊全的文具用品，先進的通訊設備如傳真機、數據機等。保持整潔體面的形象，給洽談業務的對方留下良好的第一印象是商務客人非常看重的問題。因此，及時優質的洗衣服務不可忽視，擁有高水準的美容美髮師同樣會得到商務客人的青睞。再者，由於國際商務客人見多識廣，對諸如房間物品陳列布置、設備設施功能狀況、清潔衛生標準亦會有所苛求，因此，在服務中應特別注意。

（三）休閒度假客人

休閒度假客人一般住店時間比較長，消費水準比較高。他們喜歡房間布置有家居氛圍，服務要求比較多，洗衣、客房送餐、小酒吧、委託代辦、托嬰服務等要求均會提出。他們還喜歡有豐富多彩的娛樂項目，喜歡和服務員打交道，希望得到熱情隨和而非中規中矩的服務。另外，度假飯店多為開放式建築布局，客人來度假都很放鬆，希望飯店在為賓客提供一個輕鬆自由的休閒環境的同時，能保證客人的人身財產安全，這就要求服務人員能保持內緊外鬆的心態，防止不法分子混入飯店給客人造成傷害。

（四）會議客人

參加會議客人一般住店時間長，活動集中、有規律，使用會場要求高。這類客人一般有一定身分，服務方面要求較高。如要求會議室按時安排妥當，房間清掃及時，訪客服務要求茶水座椅齊備，房間內有充足的文具用品，不希望別人翻看會議文件，喜歡會議間隙或晚上有娛樂活動等。會議客人在會議結束回到房間後由於服務要求較多，因此，希望設房務中心的飯店能提供短時的樓層值班服務。

（五）體育代表團

隨著各種中國國內及國際體育賽事的頻繁舉行，運動員也成為飯店經常接待的客源之一。體育代表團是客源類型中比較特殊的一種，其特殊性主要是由他們所從事的職業造成的。運動員入住一般人數較多，行動非常統一，他們在參加比賽前一般要聚集在一起進行戰術討論，觀看比賽錄影，因此需要有寬敞的、配備錄影設備的會議室。另外，緊張的比賽會使他們特別需要一個安靜、舒適的休息環境，這就需要服務人員在工作中堅持「三輕」，減少進入客房的次數，打掃房間要及時，同時還要配合飯店保安人員保護他們免受記者、球迷及「追星族」的騷擾。

（六）新聞記者

由於職業關係，新聞記者的生活節奏比較快，因此要求服務講究效率，並且對服務比較挑剔。他們把房間既當臥室又當辦公室。由於各種稿件、傳真件、影印件比較多，東西擺放比較雜亂。他們希望房間裡有完備的通訊設施、齊全的辦公用品，能準時得到當天的報紙等。考慮到這類客人一般都比較敏感，服務方面要特別留意。

（七）政府官員

政府官員入住，服務及接待標準要求很高，重視禮儀，店外活動比較多，店內活動較少，服務要求一般由隨行人員傳達給飯店，且經常會出現一些即時性需要，要求飯店盡快作出反應，安排妥當。他們住店期間不希望服務人員過多進入房間。對安全要求極高，任何安全隱患都應絕對避免出現。要求有高質量的個性化服務。

以上只是對飯店常見的客源類型及其基本需求做一簡單分析。隨著飯店業的發展，客人的需求會呈現更複雜化、多樣化的趨勢，這就需要我們從業人員不斷地總結經驗，「創意源自需求」，只有真正站在客人立場上準確把握客人的需求，才能有更多更好的創意，為客人提供更完美的服務。

二、客房服務項目的設立原則

飯店客房服務項目的設立，必須以客人的需求作為基本出發點，同時還需要考慮飯店的等級，即遵循「適合」和「適度」兩條基本原則。

（一）適合原則

適合原則就是要求飯店在設立客房服務項目時，必須研究客人的需求，適合客人的基本要求。客人對客房的基本要求可以歸納為清潔、舒適、安全三個方面。

1.清潔

要求客房窗明几淨，布件清潔無汙，潔具光亮潔淨。清潔是客人對客房的最基本要求，也是回頭客選擇飯店所考慮的首要因素。

2.舒適

要求客房內家具、用具、供應品齊全，使用方便，室內裝飾雅緻和諧，並提供各種客房服務，方便住客的日常起居。

3.安全

要求有一個安全的住宿環境，使客人的人身和財產的安全得到保障。客房的設備裝置應充分考慮客人的安全因素，客房服務程序設計上要考慮客人的安全保障。

（二）適度原則

適度原則就是要求飯店在設立客房服務項目時，也要考慮飯店的等級，突出飯店的風格，體現「物有所值」的經營觀念。飯店等級不同，房價不同，反映在客房服務項目上也有多寡，在客房服務規格上也有高低。如在中國旅遊飯店星級標準中，一星級飯店客房服務的必備項目僅是提供客房整理和飲用水供應，而三星級飯店不僅要提供客房整理和飲用水供應，同時還需要提供夜床服務、房內酒吧、洗衣服務、送餐服務、會客服務、叫醒服務等。又如，同樣是「客房整理」服務項目，三星級飯店規定必須每天更換床單，而一星級飯店則允許住客房兩天更換一次床單。

三、客房服務項目的主要內容

客人住進飯店後，絕大部分的接待服務工作是由房務部門承擔的，其主要內容有8個方面。

（一）整理房間

客房部在客人住宿期間，要經常保持客房整潔。客房管理部門一般制定了二進房的操作程序，即白天的客房大清掃和晚間的客房夜床服務。客房服務人員不僅要按照規程定時進房整理房間，而且還要根據賓客的要求，隨時進房提供客房整理服務，做到定時與隨時相結合。特別是當賓客在房內會客或用餐結束後，更需及時提供房間整理服務。

（二）洗衣服務

客人在住店期間，需要洗燙衣服。賓客的洗燙衣服，一般都是由客房服務人員負責取送。客人送洗衣服可分為水洗、乾洗和燙洗三種，客房內應放置洗衣登記單和洗衣袋。客人可根據需要填寫洗衣單。單上須填寫客人的姓名、房號、送洗日期和送洗衣服的名稱及件數。客人填好單後，連同衣服放到洗衣袋裡。服務員在取洗衣袋時，應點清件數，然後檢查口袋裡有無物件，鈕扣有無脫落，有無嚴重汙點或破損。如發現問題，應向客人提出，並在洗衣單上註明，以免發生不必要的麻煩。

服務員在收集衣服後，要妥善放置在樓層工作室，並通知洗衣房員工上樓層收取，當洗衣房員工上樓層收取時，需在客房部洗衣記錄上簽收。當衣物送回時，客房部服務員同樣要在送衣單上簽收。服務員須將洗燙完畢的衣服及時送進客房。通常都是將衣服放置於床上，讓住客返回時可知道洗衣已經送回。當房門掛有「請勿打擾」牌時，可將特製的說明紙條從門隙處塞進房，其意是告訴客人衣服已經洗燙完畢，客人可隨時通知服務員送進房。不能馬上送進房的客衣，要將它妥善存放在樓層工作間。洗燙的客衣一般應於當日送回，即早上送洗，晚上送還。如客人急用，也可提供「快洗服務」，但要加收加快費用。客衣的洗滌價格，要在洗衣登記單上一一羅列，特別是有關賠償的規定，更須在洗衣登記單上註明。洗衣單樣式見表3-1。

表3-1 洗衣單

×××酒店
HOTEL

洗衣價目 LAUNDRYLIST

姓名 Name ____________ 序號 Room Number ____________ 日期 Date ____________

客人簽名 Guest's Signature ____________ 總件數 Total Pieces ____________

□	普通服務 Regular Service	早上十時前收衣服，當天晚上送回 早上十時後收衣服，第二天晚上送回 Garment collected before 10am. returned at night. Garment collected after 10am. returned on the following night.

特別通知 Special Instruction ____________

□	快洗服務 收費加半倍 Express service 50% Additional Charge	四小時送回衣服 最後時間為下午5:30 Garment returned within 4 hours. Latest collection at 5:30pm.

送回恤衫掛衣架
□RETURN SHIRT ON HANGER

送回加恤衫摺疊
□RETURN SHIRT FOLDED

洗衣服務請撥798
□DIAL 798 FOR COLLECTION

濕洗 LAUNDRY				乾洗 DRY CLEANING				燙衣 PRESSING			
數量 NO. OF ITEMS	女客 LADIES	單價 PRICE	總額 TOTAL	數量 NO. OF ITEMS	女客 LADIES	單價 PRICE	總額 TOTAL	數量 NO. OF ITEMS	女客 LADIES	單價 PRICE	總額 TOTAL
	襯衫 Shirt	10.00			西裝(2件)Suit(2PCS)	22.00			西裝(2件)Suit(2PCS)	13.00	
	短裙 Skirt	10.00			外套 Coat	15.00			外套 Overcoat	9.00	
	夾克 Jacket	7.00			圍巾 Scarf	8.00			圍巾 Scarf	5.00	
	胸罩 Bra	5.00			洋裝 Dressing	20.00			洋裝 Dressing	12.00	
	西裝裙 Suit Skirt	14.00			短裙 Skirt	12.00			短裙 Skirt	7.00	
	襪子 Stocking	5.00			夾克 Jacket	9.00			夾克 Jacket	6.00	
	手帕 Handkerchief	3.00			手帕 Handkerchief	4.00			手帕 Handkerchief	3.00	

濕洗 LAUNDRY				乾洗 DRY CLEANING				燙衣 PRESSING			
數量 NO. OF ITEMS	女客 LADIES	單價 PRICE	總額 TOTAL	數量 NO. OF ITEMS	女客 LADIES	單價 PRICE	總額 TOTAL	數量 NO. OF ITEMS	女客 LADIES	單價 PRICE	總額 TOTAL
	睡衣(2件)Pyjamas(2PCS)	12.00			百褶裙 Pleated Skirt	13.00			百褶裙 Pleated Skirt	8.00	
	西裝褲 Suit Trousers	12.00			睡衣(2件)Pyjamas(2PCS)	15.00			睡衣(2件)Pyjamas(2PCS)	9.00	
	游泳衣 Swim Suit	6.00			羽絨服 Eider down Sweater	25.00			羽絨服 Eider down Sweater	15.00	
	短褲 Shorts	6.00			大衣 Overcoat	46.00			大衣 Overcoat	28.00	
	內褲 Underpants	5.00			晚禮服(2件)Evening Dress	35.00			晚禮服(2件)Evening Dress	21.00	
					旗袍 Cheongsan	25.00			旗袍 Cheongsan	15.00	
					長褲 Slacks	14.00			長褲 Slacks	9.00	
					毛衣 Pullover/Sweater	18.00			毛衣 Pullover/Sweater	11.00	
					短裙 Skirt	14.00			短裙 Skirt	9.00	
數量 NO. OF ITEMS	男客 GENTLEMEN	單價 PRICE	總額 TOTAL	數量 NO. OF ITEMS	男客 GENTLEMEN	單價 PRICE	總額 TOTAL	數量 NO. OF ITEMS	男客 GENTLEMEN	單價 PRICE	總額 TOTAL
	運動衣(1套)Track Suit(1PCS)	16.00			西裝(3件)Suit(3PCS)	30.00			西裝(3件)Suit(3PCS)	18.00	
	外套 Coat	13.00			西裝(2件)Suit(2PCS)	22.00			西裝(2件)Suit(2PCS)	13.00	
	襯衫 Shirt	10.00			外套 Coat	15.00			外套 Coat	9.00	
	T恤 T-Shirt	8.00			西褲 Trousers	12.00			西褲 Trousers	7.00	
	牛仔褲 Jean	10.00			襯衫 Shirt	12.00			襯衫 Shirt	7.00	
	背心 Vest	8.00			領帶 Tie	6.00			領帶 Tie	4.00	
	短褲 Shorts	6.00			T恤 T-Shirt	10.00			T恤 T-Shirt	6.00	
	內衣 Undershirt	5.00			短褲 Shorts	7.00			短褲 Shorts	4.00	
	內褲 Underpants	5.00			牛仔褲 Jean	12.00			牛仔褲 Jean	7.00	
	襪子(1双)Socks(1PAIR)	5.00			羊毛衫 Woolen Sweater	12.00			羊毛衫 Woolen Sweater	7.00	

濕洗 LAUNDRY				乾洗 DRY CLEANING				熨燙 PRESSING			
數量 NO. OF ITEMS	男客 GENTLEMEN	單價 PRICE	總額 TOTAL	數量 NO. OF ITEMS	男客 GENTLEMEN	單價 PRICE	總額 TOTAL	數量 NO. OF ITEMS	男客 GENTLEMEN	單價 PRICE	總額 TOTAL
					大　衣 Overcoat	46.00			大　衣 Overcoat	28.00	
小　計 Sub Total				小　計 Sub Total				小　計 Sub Total			
加快服務加 50% Express Extra Charge 50%				加快服務加 50% Express Extra Charge 50%				加快服務加 50% Express Extra Charge 50%			
服務費加 30% Service Charge 30%				服務費加 30% Service Charge 30%				服務費加 30% Service Charge 30%			
合　計 TOTAL				合　計 TOTAL				合　計 TOTAL			

服務要求：

1. 酒店接受一切送洗衣服洗滌的衣物，但由於衣物的質地和特點不同，酒店對洗滌結果概不負責。
2. 在欄目1內，註明衣物件數（客人計數），如果沒有時，必須以酒店計數為準，萬一出現計數上的不一致，我們將與您取得聯繫，如您不在，其計數將以酒店計算為準。
3. 任何衣物的丟失、損壞，其賠償不超過洗熨的十倍。
4. 所有賠償要求必須在發送以後的二十四小時內提出，並必須持有原始單據。
5. 在送到洗衣房之前，請把衣物內私人物品取出，酒店對任何遺留在衣物內物品的丟失和損壞不負債任。

CONDITIONS OF SERVICE:

1. Due to conditions and characteristics of articles, all goods sent for Laundry/Valet are accepted by the Hotel at owner's risk.
2. Please indicate number of articles in Column 1(Guest Count). Failing which, the Hotel Count must be accepted as correct, in case of discrepancy in the count. We will try to Contact you, and if you are not available, the Hotel Count must be accepted as correct.
3. Liability of loss or damage is limited to an amount not exceeding 10 times the cost of cleaning or pressing the said item.
4. All claims must be made within 24 hours after delivery and must be accompanied by the original list.
5. Please remove all personal belongings from the articles before sending, the Hotel will not be responsible for any loss or damage of articles left in items.

總　計
Grand Total:
(RMB Y)

小孩衣物收費減半，請用另一洗衣袋及清單
CHILDRENS CLOTHING
Charges are 50% of adult charges.
Please use separate bag and list.
NO:0011251

（三）飲料服務

為了方便客人，在客房小冰箱內，都放置一定數量和品種的飲料，包括烈酒、啤酒、汽水、果汁以及花生、杏仁等佐酒小食品。在櫃面上，則放置一些玻璃器皿、杯墊、紙巾、調酒棒及飲料收費單。收費單裡說明各種飲食品的價格及貯存在房內的固定數量。客人飲用後，要在飲料收費單上簽字。

客房服務員每天進房清點小冰箱內的飲料數量，並核對客人填寫的飲料收費單。收費單的第一聯和第二聯轉交客務收銀處記帳和收款，第三聯則由客房部彙集後填寫食品耗用報告。服務員除記錄客人耗用情況外，還須及時將食品按規定的品種數量補充齊全，將用過的杯子、紙巾、杯墊、調酒棒等撤換，並放上新的飲料單。飲料單樣式見表3-2。

表3-2 小酒吧飲料單

××× 酒店
HOTEL
★★★★★

小酒吧 MINI BAR

* PLEASE MARK AND SIGN, YOUR ACCOUNT WILL BE CHARGED ACCORDINGLY.
* 飲用後，請填表以便入帳。
* FOR REPLENISHMENT PLEASE DIAL EXTENSION 41. No.0003451
* 如需補充，請撥號碼41。

房間號碼 ROOM No.　　檢查員 ROOM ATTENDANT　　日期 DATE

存量 STOCK	項目 DESCRIPTION		單價 UNIT PRICE	數量 CONSUMPTION	總計 AMOUNT
	MAO TAI	茅臺酒	¥75.00		
	J.W.BLACK LABEL	黑 方	¥60.00		
	REMY MARTIN V.S.O.P.	人頭馬	¥30.00		
	GORDON GIN	琴 酒	¥30.00		
	BACARDI RUM	蘭姆酒	¥30.00		
	VODKA	伏特加	¥30.00		
	SAN MIGUEL	生力啤酒	¥30.00		
	TSING TAO BEER	青島啤酒	¥15.00		
	COKE COLA	可口可樂	¥15.00		
	SPRITE	雪 碧	¥15.00		
	COCONUT JUICE	椰子汁	¥15.00		
	MONGO JUICE	芒果汁	¥15.00		

續表

存量 STOCK	項目 DESCRIPTION		單價 UNIT PRICE	數量 CONSUMPTION	總計 AMOUNT
	MINERAL WATER	礦泉水	￥30.00		
	NUTS	果　仁	￥15.00		
	CHOCOLATE	巧克力	￥15.00		
	DRIED BEEF	牛肉乾	￥15.00		
	COOKIES	餅　乾	￥12.00		
客人簽名 GUEST'S SIGNATURE			客務收銀 CASHIER		

（四）擦鞋服務

根據住客的需要，飯店一般都提供擦鞋服務。飯店擦鞋服務的方式有三種：一種是在客房內放置擦鞋紙套，供客人使用；一種是在飯店大廳擺放自動擦鞋機；還有一種是人工代客擦鞋。根據飯店的等級，採用其中一種或幾種方式。

提供人工代客擦鞋服務，應在客房壁櫥內放置標有房間號碼的鞋籃，並在服務指南中告示客人如需擦鞋，可將鞋放入鞋籃內，於晚間放置房間門口並直接通知樓層服務員。客房服務員一般只替客人擦拭深色皮鞋，若遇客人交來淺色皮鞋或特殊皮革製成的鞋，不可隨意亂擦，或者可以在徵得客人同意後將皮鞋代交鞋匠處理。

（五）托嬰服務

為了方便攜帶小孩的客人不必因小孩的拖累而影響外出活動，很多飯店都提供托嬰服務，幫助客人照料小孩並按小時收取服務費用。一般飯店並無專職保育員，多由客房部女服務員兼管。托嬰服務是一項責任重大的工作，這些兼職的女服務員必須接受過照料小孩的專門訓練，懂得和掌握照看嬰幼兒的專門知識和技能。在提供托嬰服務時，服務員必須向客人瞭解小孩的特點及家長的要求，在規定的區域內照看小孩，不得擅離職守，並須認真填寫托嬰服務情況表。

（六）訪客接待

客房樓層服務員對來訪客人的接待，要像對住店客人一樣熱情有禮。在查看訪客單及徵得住房客人同意後，引領來訪者進入房間。如來訪者眾多時，還應提供加椅和送茶服務，並主動詢問被訪的住客還需提供什麼服務，盡力幫助解決。在接待訪客時，既要主動熱情，又要保持警覺，觀察來訪者來去時所攜帶的物品，發現可疑情況要及時報告。若住客不在房內，可請訪客留言或到飯店公共區域等候。對晚間來訪的客人應講清飯店會客時間的規定，如訪客需要留宿，應請客人去客務接待處辦理住宿登記手續。

（七）借用物品服務

飯店還向有特殊需要的住店客人提供借用物品服務，如臨時出借熨斗、燙衣板、吹風機、嬰兒床、硬枕、冰袋、體溫計等物品。借用物品服務，是客房部負責提供的。在飯店的服務指南中，應標明可供借用的物品名稱及借用辦法。客人在借用和歸還物品時，都必須辦理借用和歸還手續，造冊登記。在賓客離開飯店前，客房部應通知客人歸還借用的飯店物品。

（八）拾遺處理

客人在住店期間或離店時，難免會發生遺失物品情況。為了幫助客人找回遺失的物品，飯店應有拾遺處理的規定程序。客房部通常是處理客人遺失物品的負責部門。在店內拾到的客人遺失物品，統一歸客房部處理。客房部一般建立客人遺失物品日誌，記錄拾到時間、地點、物品、名稱和拾物人姓名，並將拾到物品妥善保管。客務人員、總機人員或飯店其他員工遇到客人有關失物的查詢時，應提供機會請客人直接向客房部查詢。失主認領物品時，客房部須請客人出示證件，經仔細核實後才能發還，並請失主在物品領取單上簽字。拾獲物品報告見表3-3。

表3-3 拾獲物品報告

LOST & FOUND REPORT

日期________ DATE	拾獲地點________ LOCATION
拾獲者________ FOUND BY	部門________ DEPT

失物描述 ________________________________

ESCRIPTION OF ITEMS

____

____

____

以下僅供房務部辦公室填寫

HSKP OFFICE USE ONLY

拾獲編號 ________________________________

RECORD NO.

____

拾獲人簽名 SIGNATURE OF FOUNDER	經手人 HANDLER BY

四、客房個性化服務的提供

（一）個性服務的定義

個性服務就是有針對性地滿足不同客人合理的個別需求的服務。

個性服務起源於海外發達國家，稱之為 Personalized Service 或 Individualized Service。之所以提出這樣一個服務新概念，主要是因為西方飯店業在近百年發展過程中發現在真正面對客人服務時，僅有規範化的服務仍然不能使不同的客人完全滿意。造成這種狀況的最主要原因就是服務對象——客人的需求實在是變化莫測，標準化的規範只能滿足大多數客人表面上的基本需求，而不能滿足客人更深層次的不可捉摸的個別需求。標準化的規範是死的，而這些深層次的需求卻是即時的、靈活多變的。這就是為什麼有時服務員規規矩矩地為客人服務不但沒有讓客人高興，反而會使客人感到彆扭，甚至大發脾氣。在這種背景下，飯店經營者開始認識到，服務必須要站在客人的角度因客人之需而隨機應變，個性服務由此產生，即服務必須有針對性地滿足不同客人的個別需求。

（二）個性服務的內容

個性服務通常體現出服務員的主動性及發自內心的與客人之間的情感交流，設身處地地揣度客人心理。個性服務的內容很廣泛，有時甚至顯得很零亂、瑣碎，歸納起來，可以有以下五個方面。

1.更靈活的服務

這是最普通的個性服務。概括地說，不管是否有相應的規範，只要客人提出要求，且是合理的，飯店就應盡最大可能去滿足他們。比如，在許多情況下，我們會經常聽到這樣的對話：客人說：「小姐（先生）還是讓我（們）自己來吧……」服務員說：「小姐（先生），對不起，我們飯店有規定，還是讓我來吧。」此時，無論服務員的語氣多麼委婉、態度多麼熱情，可對客人來講，他（她）的最初合理要求沒有得到滿足，甚至感到被拒絕，這種情況在我們今天的飯店服務中是屢見不鮮的。

2.能滿足癖好服務

這是最具體、最有針對性的個性服務。前面我們談到客人的需求千差萬別，有些客人的有些需求更是獨特。比如北京民族飯店曾住進一位外國老太太，她不喜歡服務員穿鞋進他的房間；還有一位住在某五星級酒店的阿拉伯客人每天早上要倒立牆上讀《古蘭經》，並要求服務員陪在一邊不得發出任何響聲。所有這些特殊習慣可能涉及方方面面，這就需要我們仔細觀察，並做好記錄儲存起來，建立規範化的需求檔案，滿足客人這些非常有「個性」的需要。

3.意外服務

嚴格來講，這不是客人原有的需要，但由於旅遊過程中難免發生意外，客人急需解決有關問題，在這種情況下，「雪中送炭」式的個性服務就必不可少了。如客人在住房期間患病或受傷、貴重物品丟失等，此時，急客人所急，想客人所想，在客人最需要幫助時服務及時到位，客人必將沒齒難忘。

4.（電腦）自選服務

隨著電腦技術的發展，發達國家的許多個性服務透過電腦——Guest Operated Devices（賓客自選裝置）來實現，無論是個人留言、查詢消費帳目、結帳、叫醒服務，還是客房送餐（Room Service）、VOD點播（客房影音點播系統）都可以由客人在房間內透過客房電視電腦系統自由選擇並處理，這是一種高品質的個性服務。

5.心理服務

凡是能滿足客人心理需求（包括那些客人沒有提出，但肯定存在的心理需求）的任何個性服務都將為客人帶來極大的驚喜，這要求飯店服務人員有強烈的服務意識，主動揣摩客人心理，服務於客人開口之前。

以上對個性服務的內容作了簡單介紹。需要指出的是，個性服務與規範服務並不是兩種對立的不同的服務，可以說規範服務是基礎，個性服務是規範服務的延伸、再細化，在強調個性化服務的同時不能放棄規範服務或弱化規範服務的作用。因為，大多數客人的大多數基本需求得透過規範服務來滿足，規範服務是一家飯店服務質量的基礎保證，沒有了規範服務，服務質量就成了無本之木。當某些個性化服務成為大多數客人的需求時，就應將這部分個性需要納入規範服務的範疇，使之成為新的規範內容，以不斷提高飯店的服務水準。

（三）客房服務中特殊情況的處理

1.身心障礙客人服務

此類客人都是身體某一部分完全或部分喪失其功能作用，如手殘者、腿殘者、盲人、聾啞人等。在客房服務中應根據身心障礙客人行動不便、生活自理能力差等特點，給予特別的照料。對身心障礙客人服務規程如下：

（1）如酒店有殘障者專用房間的話，應儘量給客人提供此類客房。

（2）在客人進店前，根據客務等部門提供的資料瞭解客人的姓名、殘疾的表現、生活特點、有無家人陪同及特殊要求等，做好相應的準備工作。

（3）在客人抵店時，梯口迎接，問候客人並主動攙扶客人進入客房，幫助提拿行李等物品。

（4）仔細地向客人介紹房內設施設備和配備物品，幫助客人熟悉房內環境，對盲人和視力不佳的客人，這點尤其重要。

（5）在客人住店期間，對其進出應特別關注，並適時予以幫助，如攙扶進出電梯、客房，提醒客人注意安全等。當客人離開樓層到酒店其他區域時，應及時通知相關部門有關人員給予適時的照料。

（6）主動詢問客人是否需要客房送餐服務，並配合餐飲服務人員做好服務工作。

（7）應盡力承辦客人委託事項，透過有關部門的協作及時完成並有回覆，使身心障礙客人住店期間倍感方便、愉快。如客人需代寄郵件、修理物品等，要及時通知大廳服務處為客人辦理，提供讓客人滿意的服務。

（8）對身心障礙客人的服務應主動熱情、耐心周到、針對性強，並且照顧到客人的自尊心，對客人的殘疾原因不詢問、不打聽，避免言語不當而使客人不愉快。

（9）當客人離店時，服務人員應主動徵詢客人的意見和要求，並通知行李員幫助客人提拿行李，送客人進入電梯後方可離開。

2.病客服務

由於旅客來到這個陌生的地方可能會因水土不習慣而患病，作為與住客最接近的客房服務員，若發現住客生病，須報告領班並寫下記錄。以下是客房服務中遇見住客生病時應注意的事項：

（1）慰問住客之病情；（2）提醒客人，酒店設有醫務室，或幫助客人請醫生到客房出診；（3）表示關懷及樂於幫助他；（4）將紙巾、熱水瓶及垃圾桶放置於床邊，加送熱毛巾；（5）特別留意這間房的一切動靜，適時藉服務之機進入客房觀察並詢問客人有無特殊需求；（6）建議並協助客人與就近的親朋好友取得聯繫，提醒客人按時服藥，推薦適合客人的食品；（7）客房部經理親自慰問病客，並送鮮花、水果等給病人，以表示酒店對他的關懷。

◆如遇上旅客患重病或急症，應立即通知大廳經理及值班經理，把患病客人送到附近醫院治療，未到醫院之前由駐店醫生進行急救處理。

◆若發現客人休克或其他危險情況時，應立即通知上級採取相應措施，不得隨便搬動客人，以免發生意外，因為腦溢血、心臟病等病人是不能隨便移動的。

◆如有客人要求服務員代買藥品，服務員首先應婉言向客人説明不能代買藥品，並推薦飯店內的醫務室，勸客人前去就診，若客人不想看病，堅持讓服務員代買藥品，服務員應及時通知大廳經理，並由其通知駐店醫生到客人房間，由醫生決定是否從醫務室為客人取藥。

◆在對病客的日常照料中，服務員只需做好必要的準備工作即可離去，不得長時間留在病客房間，病客若有需要可電話聯繫。

◆若發現客人有傳染病時，應做到：關心安慰客人，穩定客人情緒；請駐店醫生去為其診斷；確認後將客人轉到醫院治療；客人住過的房間應請防疫部門進行消毒；徹底清潔客房，客人用過的棉製品及一次性用品予以銷毀。

3.醉客服務

酒店中的醉客問題經常發生，而其處理方法因人而異，有時非常困難，一般應視醉客之情緒，適時勸導，令其安靜。部分醉客會大吵大鬧或破壞家具，遇人就打，有些還會隨地亂吐或不省人事等，應按其特徵情節之輕重，因人而異分別處理。服務員遇上這樣的情況時：

（1）須馬上通知保安人員及樓層領班，並保持理智與機警，必要時協助保安人員將其制服，以防干擾其他住客或傷害自己。

（2）通常應安置醉客回房休息，不再提供酒類飲品，但仍要注意房內動靜，以免家具受到搗毀或因吸煙而發生火災，帶來無妄之災。

（3）當發現客人在房內不斷飲酒，客房服務員便應特別留意該房客人動靜，並通知領班，在適當情況下，與當班其他服務人員或領班藉機進房察看，千萬不可獨自進房及幫助客人寬衣解扣，以免發生不必要的誤會及難以預料的後果。

（4）在樓層過道發現醉酒客人，要驗證其身分，如是住店客人，則聯絡同事一起將其帶回房間；如不是住店客人，通知保安將其帶離樓層並控制其行為，以免影響他人。

（5）若客人飲酒過量造成輕度昏迷，則應該扶客人上床後馬上聯繫駐店醫生為其治療。

（6）將垃圾桶、衛生紙、開水、漱口水放在客人床邊，以防客人嘔吐，如嘔吐過的地面要及時處理。

（7）徵求客人同意後，泡一杯白開水或醋兑水，幫助客人醒酒。

（8）因醉酒而大吵大鬧的客人要留意觀察，在不影響其他客人的情況下一般不予以干涉，如造成物品損壞，應做好記錄，等客人酒醒後按規定賠償。

（9）在工作服務表上填上醉酒客人房號、客人狀況及處理措施。

案例

個性服務體現在細微處

有一天，某酒店客房部員工李婷在給一位香港客人整理房間。當他打開毛毯，發現客人枕過的兩個枕頭中間有一道摺痕。細心的小李想：為什麼兩個枕頭同時都出現一道摺痕呢？她分析了一會兒認為只有一種可能，那就是客人嫌枕頭低，把兩個疊在一起同時使用。當她確認自己的判斷以後，便將兩個備用的枕頭為客人加上。

晚上，客人回到房間，發現床上多了兩個枕頭，頓覺奇怪：我沒給任何人講過，他們怎麼知道我嫌枕頭低呢？第二天，客人沒有外出，專等服務員整理房間。當他見到小李時，開口便問：「你為什麼把我的兩個枕頭換成四個枕頭？」小李嚇壞了，連忙說道：「對不起，先生，實在對不起。如果您不喜歡，我馬上撤掉，您看好嗎？」客人看到服務員的緊張情緒，馬上笑了：「不是，小姐，我是說，你怎麼知道我嫌枕頭低？」小李如釋重負，就把她思考的前前後後說了出來。客人聽後，不禁感嘆道：「謝謝，你們酒店真是在用心為客人服務！」

第三節 客房服務工作管理

為了使客房服務工作正常開展，必須對客房服務活動進行有效的管理。

一、客房服務工作管理的任務

（一）做好清潔衛生工作，為客人提供舒適的住宿環境

做好客房的清潔衛生是飯店贏得客人信賴的重要因素。現代旅遊已經成為一種高級消費方式，客人對清潔衛生的要求越來越高。清潔衛生是保證客房服務質量和客房價值的重要組成部分。飯店的良好氣氛，舒適、美觀、清潔的住宿環境，都要靠客房服務人員的辛勤勞動來實現。所以，做好清潔衛生、提供舒適的住宿環境，是客房工作的首要任務。客房部必須透過制定和落實清潔衛生操作規程、檢查制

度，來切實保證清潔衛生的工作質量。

（二）做好賓客接待工作，提供周到的客房服務

做好賓客接待服務工作是客房部日常業務工作的一項重要任務，它包括從迎接客人到送別客人這樣一個完整的服務過程。賓客在客房停留的時間最長，除了休息以外，還需要飯店提供其他各種服務，如洗衣服務、飲料服務、擦鞋服務等等。能否做好賓客接待工作，提供熱情、禮貌、周到的客房服務，使客人在住宿期間的各種需求得到滿足，直接關係到飯店的聲譽，反映了客房商品的價值。

（三）加強客房設備用品管理，降低經營成本

客房中的物料用品不僅繁多，而且每天的需要量也較大。物料用品費用的開支是否合理，直接影響飯店的經濟效益。加強客房設備用品管理，可以提高設備用品的使用效率，減少浪費，降低成本，使飯店獲得良好的經濟效益。客房部的任務之一，就是要在滿足客人需要的前提下，控制物品消耗，減少成本支出，取得最佳的經營效果。

二、客房服務工作的管理內容

（一）客房接待的規程設計

客房接待規程的設計是開展服務活動的前提，它包括客房設施的設計和客房服務活動的設計兩方面內容。

1.客房設施設計

主要包括客房的布置和裝飾；客房內各種設備和用具的配備與安放；客房內各種供客人使用的物品供應與擺放位置等。

2.客房服務活動設計

主要包括服務人員應有的儀表、儀容；服務人員應有的禮節、禮貌；服務人員迎送客人的服務方式；服務人員打掃整理客房的操作程序；客房服務項目的確立；客房服務的檢查標準等。

做好上述各項設計必須作好認真的調查研究，瞭解各種客人對客房設施和服務的要求，評估飯店本身的條件，仔細分析，反覆比較。

（二）客房服務人員的配備

恰當地做好人員配備工作是開展客房接待服務活動的組織保證。客房服務人員的配備可按以下五個步驟進行。

1.確立客房服務模式

客房服務通常有兩種模式，即客房服務中心制和樓層服務班組制。前者注重用工效率和統一調控，因而對降低客房部門勞動成本支出，有著重要意義。而後者則有利於做好樓層的安全保衛工作。二者在人員的配置數量上有較大差別，因而，飯店必須根據本身的管理水準及安全設施的情況，確定客房部門的機構組成類型，確立客房部門的對客服務模式，並在此基礎上確立崗位數量。

2.預測客房工作量

在確定了客房服務模式之後，就要對客房部所承擔的工作量作預測。為便於分析，一般把工作量分成固定工作量和變動工作量兩個部分。

固定工作量是指那些只要飯店經營就必須完成的日常例行事務，它的目的主要用以維護飯店既定規格水準，如所有公共區域的日常清潔整理、計劃衛生和定期客房保養工作。固定工作量往往反映了一個飯店或部門工作的基本水準，所以其政策性較強，反映了飯店經營者的管理思想。

變動工作量則隨著飯店業務量等因素的改變而變化，如走客房的數量、貴賓服務、特殊情況的處理。雖然住客率的高低、客人類別的差異、季節的更替，甚至天氣的變換都可能對這部分工作量產生影響，但一般都以平均開房率為軸心預算工作量。如某飯店開房率最低可達40%，最高可達 100%，全年平均開房率為70%，則一般以70%為計算工作量的基礎。

3.確定員工勞動定額

確定勞動定額時，必須考慮下列諸方面因素：

（1）人員素質。除了人員的年齡、性別等差異外，其性格、文化程度、專業訓練水準等方面的差別，都將影響勞動定額的確定。因而，應當首先瞭解員工的素質水準，將其作為制定勞動定額的依據。

（2）工作環境。鑒於飯店建築與裝潢風格不同、客房類型不同和客人生活習慣、員工的工作環境千差萬別，定額的制定也應該具體情況具體分析，切記生搬硬套。

（3）規格要求。客房布置規格的高低對定額的影響是顯而易見的。首先，要根據飯店等級合理制定客房布置規格，然後再使定額的制定適合布置規格的要求。

（4）勞動工具配備。必要的勞動工具是工作質量和效率的保證。客房部門應根據工作內容及操作程序的要求，配備合適的勞動工具，並測算在一定工具配備條件下，各項操作工作的時間標準，作為制定定額的依據。

4.確定人工配備數量

客房部門的員工配備通常以崗位設置和班次劃分作為測試依據。

首先，要確定客房部門管轄區域所有的崗位或工種設置，如客房清掃員、值班服務員等。

其次，明確各工作崗位的班次劃分。

最後，根據工作定額和工作量預測，確定每班次員工數及整個客房部員工數。計算公式如下：

客房部門所需員工數＝工作量預測／工作定額÷出勤率

例：如某飯店有500間客房，預測出租率為80%，白班清掃服務員工作定額為10間，晚班清掃服務員工作定額為　40間，每週實行五天工作制（暫不考慮其他節假），則客房部所需清掃服務員可作如下計算：

$$\text{白班清掃服務員} = \frac{500(\text{間})\times 80\%}{10(\text{間})} \div \frac{5}{7} = 56(\text{人})$$

$$\text{晚班清掃服務員} = \frac{500(\text{間})\times 80\%}{40(\text{間})} \div \frac{5}{7} = 14(\text{人})$$

$$\text{客房部所需清掃服務員} = \text{白班清掃服務員} + \text{晚班清掃服務員} = 56(\text{人}) + 14(\text{人}) = 70(\text{人})$$

5.妥善安排勞動力

儘管事先經過妥善的斟酌和計算，但由於種種原因，勞動率定額和實際需求之間通常不是自然吻合的，這就要求在實際工作安排中做好調節，使其具有「彈性」。

（1）根據勞動力市場的情況決定用工的性質和比例。如果勞動力較為飽和，則制定編制時應偏緊，以免開房率較低時造成窩工而影響工作氣氛，而在旺季開房率較高時，可徵聘臨時工緩解矛盾。反之，則要將編制定得充分些，以免在開房率較高時造成工作質量下降。

通常，為了控制正常編制，減少工資和福利開支，許多飯店願意使用臨時工來做一些程序比較簡單、技能要求並不太高的工作。這對於增強人員編制的彈性、降低培訓費用較為有利。但這種編制彈性應限制在可控範圍內，同時不能因此而放鬆對約聘工的技能訓練和態度訓練，以便掌握勞動力安排的主動權。

（2）瞭解客源市場動向，力求準確預測客情。客源情況是不斷變化的，因而由客房部承擔的那部分可變工作量也在不斷地變動著，而掌握了客情的大致動向後就可以作好應對準備，以免到時措手不及。

客房部除了要作出年度及季度的人力預測外，更應做好近期的勞動力安排。這樣，掌握客情預測資料就成為一個十分重要的工作。客房預測資料主要包括每週預測表、團隊和會議預訂報告、每日開房率及客房收入報表、住客報表和預計離店客人報表。

（3）制定彈性工作計劃，控制員工出勤率。客房管理者必須透過制定工作計劃來調節日常工作的節奏，如計劃清潔的週期性工作和培訓的穿插進行等，做到客人少時仍有事可做，工作忙時又有條不紊。

控制員工出勤率的方法有許多，除了利用獎金差額來控制外，還要透過合理安排班次、休假等來減少缺勤數或避免窩工。對於一些特定的工種，可靈活安排工作時間，採用差額計件制等各項行之有效的方法。

（三）客房服務任務的分配

客房服務任務的分配，主要是利用資訊傳遞、各種報表、崗位職責規定等形式使服務人員明瞭自己的業務範圍、操作程序，自覺地貫徹執行。在出現工作忙閒不均或有重要突出任務時，則要在客房部內進行統一的人力和物力調配。一般透過每日的客房部交接班碰頭例會，交待清楚需要完成的任務和注意事項，使客房服務人員明白需要做什麼、為什麼做、何時做、何處做、何人做和怎樣做。

（四）客房服務質量的控制

1.客房服務質量的構成要素

客房服務質量要素一般由以下幾方面構成：

（1）服務態度。服務態度是提高服務質量的基礎。它取決於服務人員的主動性、積極性和創造精神，取決於服務人員的素質、職業道德和對本職工作的熱愛程度。在客房服務實踐中，良好的服務態度表現為熱情服務、主動服務和周到服務。

（2）服務技巧。服務技巧是提高服務質量的技術保證，它取決於服務人員的技術知識和專業技術水準。客房服務員在為賓客提供服務時總要採用一定的操作方法和作業技能。服務技巧就是這種操作方法和作業技能在不同場合、不同時間，對不同對象服務時，能適應具體情況而靈活恰當地運用，以取得更佳的服務效果。只有掌握服務規程和操作程序，不斷提高接待服務技術，具備靈活的應變能力，才能把自己的聰明才智和飯店服務工作結合起來體現在為客人服務的全過程之中，從而為客人提供高質量、高效率的服務。服務技巧作為勞務質量的重要組成部分，關鍵是抓好服務人員的專業技術培訓。其基本要求是：掌握專業知識，加強實際操作訓練，不斷提高技術水準，充分發揮接待的藝術性，包括接待藝術、語言藝術、動作表情、應變處理藝術等，以提高服務質量。

（3）服務方式。服務方式是指飯店採用什麼形式和方法為客人提供服務，其核心是如何方便客人，使客人感到舒適、安全、方便。服務方式隨客房服務項目而變化。客房服務項目大體上可分為兩大類：一類是基本服務項目，即在服務指南中明確規定的，對每個賓客幾乎都要發生作用的那些服務項目。另一類是附加服務項目，是指由客人即時提出，不是每個賓客必定需要的服務項目。服務項目反映了飯店的功能和為顧客著想的程度。因此，客房服務質量管理必須結合各個服務項目的特點，認真研究服務方式，如客房預訂方式、接待方式等。各種服務方式都必須從住店客人活動規律和心理特點出發，有針對性地提供服務。如客房清掃的順序和時間安排，電傳、複印的手續是否方便客人等。總之，每一個服務項目都要根據實際需要來選擇服務方式，要以提高服務質量為根本出發點。

（4）服務效率。服務效率是服務工作的時間概念，是提供某種服務的時限。等候對外出旅行的人來說是一件頭痛的事，因為等候使人產生一種心理不安定感，況且離家外出本身就存在不安全感，而等候則強化了旅遊者的這種心理。所以，客房服務要想儘量減少等候時間，就要講求效率。

服務效率有三類：第一類是用工時定額來表示的固定服務效率，如打掃一間客房用0.5小時等。第二類是用時限來表示的服務效率，如總臺登記入住每人不超過3分鐘，客人衣服洗滌必須在若干時間內送回等。第三類是有時間概念，但沒有明確的時限規定，是靠客人的感覺來衡量的服務效率，如設備壞了報修後多長時間來修理等，這一類服務效率在飯店是大量的。服務效率在客房服務中占有重要的位置，飯店要針對以上三類情況，用規程和具體的時間來確定效率標準。

（5）禮節禮貌。禮節禮貌是提高服務質量的重要條件。禮節禮貌是以一定的形式透過訊息傳輸向對方表示尊重、謙虛、歡迎、友好等的一種方式。禮節偏重於禮儀，禮貌偏重於語言行動。禮節禮貌反映了一個飯店的精神文明和文化修養狀況，體現了飯店員工對賓客的基本態度。飯店員工禮節禮貌的內容十分豐富，靈活性很大，主要表現在：儀表儀容即個人形象，態度，禮儀，服務方式，語言談吐，行為動作。

（6）清潔衛生。客房的清潔衛生體現了飯店的管理水準，也是服務質量的重要內容。客房的清潔衛生工作要求高，必須認真對待。首先要制定嚴格的清潔衛生標準，崗位不同，接待內容不同，清潔衛生標準也有所不同；其次要制定明確的清潔衛生規程，具體規定設施、用品、個人衛生的衛生操作規程，並要健全檢查保證制度。

2.制定客房服務質量標準需考慮的因素

（1）設施設備的質量標準必須和飯店星級與等級相適應。星級越高，客房服務設施越完善，設備越豪華舒適。因此，客房服務設施標準要有不同的層次。

（2）服務質量標準必須和產品價值相吻合。客房服務質量標準體現的是客房產品的價值含量的高低。與其他產品一樣，客房產品也應該符合物有所值的要求，服務質量標準包括物資設備價值和人的勞動價值兩部分。由於它關係到消費者和飯店雙方各自的利益，標準應該定得準確合理。標準過高，飯店要虧本；標準過低，客人不滿意，影響飯店聲譽。

（3）服務質量標準必須以客人需求為出發點。服務中包括的人的勞動質量體現在服務態度、服務技巧、禮節禮貌、清潔衛生等各個方面，評價其質量高低主要取決於客人的心理感受，因此，任何脫離客人需求的服務標準都是沒有生命力的。

3.客房服務質量保證體系的建立

根據客房服務質量標準的內容，應相應地建立服務質量保證體系。它應包括以下十個服務質量標準系列：

（1）服務工作標準。主要指飯店為保證客房服務質量水準對服務工作所提出的具體要求。服務工作標準不對服務效果做出明確的要求，只對服務工作本身提出具體要求。例如：客房床單應每日換一次；大廳地面必須每天定時吸塵。

（2）服務程序標準。指將服務環節根據時間順序進行有序排列，既要求做到服務工作的有序性，又要求保證服務內容的完整性。例如客房接待服務有四個環節，即客人到店前的準備工作，客人到店時的迎接工作，客人住店期間的服務工作，客人離店時的結束工作，其中，每個環節又可以進一步細分出很多具體的步驟和要求，如果這個程序中有一個環節或步驟出現問題，都會使客房服務質量受到很大影響。確定客房服務程序標準是保證服務質量的重要舉措。

（3）服務效率標準。指在對客服務中建立服務的時效標準，以保證客人得到快捷、有效的服務。例如：客房服務中心接到客人要求服務的電話，3分鐘內要為客人提供服務；客人交付洗熨的衣物必須在24小時內交還給客人等。

（4）服務設施用品標準。指飯店對客人直接使用的各種設施、用品的質量、數量做出嚴格的規定。設施、用品是飯店服務產品的硬體部分，其使用標準的高低直接影響客房產品質量水準的一致性，如果客房中使用的一次性牙刷和牙膏質量低劣，客人就往往會在使用這些劣質用品時對整體質量水準產生懷疑和不滿。

（5）服務狀態標準。指飯店針對為客人所創造的環境狀況、設施使用保養水準所提出的標準。例如：客房設施應保持完好無缺，所有電器可以正常使用，浴室24小時供應熱水，地毯無灰塵、無霉變。

（6）服務態度標準。指對服務員提供面對面服務時所應表現出的態度和舉止禮儀做出的規定。如服務員須實行站立服務，接待客人時應面帶自然微笑，站立時不得前傾後靠、雙手叉腰、抓頭挖耳，當著客人面不得高聲喧嘩、吐痰、嚼口香糖等。

（7）服務技能標準。指客房服務員所應具備的服務素質和應達到的服務操作水準。包括飯店各個不同崗位的服務人員應達到的服務等級水準和語言能力，服務人員所應具有的服務經驗和所應掌握的服務知識，特定崗位上服務人員能夠熟練運用的操作技能等，如一名客房清掃員應在30分鐘左右完成一間標準客房的清潔工作。

（8）服務語言標準。指飯店規定的待客服務中所必須使用的標準化語言。飯店在歡迎、歡送、問候、致謝、道歉等各種場合下要求員工使用標準語言，如規定服務中使用敬語「對不起」、「謝謝」、「沒關係」等；同時，飯店也應明確規定服務忌語，如在任何時候都不能回答客人說「不知道」。使用標準化語言可以提高服務質量，確保服務語言的準確性。

（9）服務規範標準。指飯店對各類客人提供服務所應達到的禮遇標準。例如：規定對入住若干次以上的常客提供服務時必須稱呼客人姓名；對入住豪華套房的客人提供印有客人燙金姓名的信紙信封；在VIP客人的房間要放置鮮花、果籃。

（10）服務質量檢查和事故處理標準。這個標準是對前述服務規範標準的貫徹執行，也是飯店服務質量的必要構成。發生服務質量事故，飯店一方面要有對員工的處罰標準，另一方面也要有事故處理的程序和對客補償、挽回影響的具體措施。

4.客房服務質量的檢查

客房服務質量的檢查是管理工作的重要環節。它包括工作數量檢查、工作質量檢查和物品消耗檢查三方面的內容。檢查工作一般採取服務人員自查、領班專職檢查、主管抽查和經理抽查的方式進行。

做好客房原始記錄管理，也是控制服務質量的一項有效措施。客房部的原始記錄，就是用一定的報表形式和文字說明將客房部在接待服務過程中發生的具體事實進行記錄。這種記錄具有經常性、廣泛性和真實性，對管理人員掌握接待服務情況、提高客房管理水準有重要作用。

（五）客房服務工作的協調

在客房接待服務過程中，總會發生一些矛盾和問題，這就需要客房管理人員做好協調工作。客房部的協調分內部協調和外部協調兩方面。內部協調是指協調客房部內部各崗位、各環節之間的關係，在完成客房接待任務的目標下，分清輕重緩急，協調一致，配合默契。外部協調指協調與飯店其他部門之間的關係，保證物資供應、設備保障、工具修理等環節暢通，為優質服務創造必要條件。

案例

客房服務質量量化標準

五星級的汕頭金海灣大酒店透過強化服務的時間觀念來提高服務質量，推出了充分體現服務效率的「十二快」。其中，涉及客房服務的有：

1.接聽電話快。鈴響兩聲內接聽電話。

2.客房傳呼快。2分鐘內完成。樓層服務員配呼叫器，凡向客房服務中心提出的任何要求，服務員必須在2分鐘內送到客房，如送開水、茶葉等。有些在2分鐘內提供不了的服務，服務員也必須在2分鐘內到達客房向客人打招呼，然後盡快解決。

3.客房報修快。5分鐘內處理好小問題。如更換燈泡、保險絲、墊圈以及設施設備運轉中的各種操作性問題等。這就要求酒店設有24小時分班值崗的「萬能工」，粗通水、暖、電、木、鉗等各個工種。對於重大問題，一時不能解決的，也要安慰客人，並給予明確回覆。

4.客房送餐快。10分鐘內完成。酒店規定，員工電梯必須首先保證送餐服務，即使有員工想去低於送餐的樓層，也必須等送餐完畢後再返下。

5.回答問訊快。為此，酒店要就客人常常問到的問題，對員工進行全員培訓。

6.投訴處理快。10分鐘內完成。小問題，10分鐘內圓滿解決；大問題，先安慰客人，穩住客人，10分鐘內給予回覆。

第四節 客房的安全保衛工作

一、客房安全的意義

客房部不僅要以乾淨舒適的環境和服務人員熱情好客的態度、嫻熟的服務技巧來滿足賓客的各種需求，使其乘興而來，滿意而歸，而且還要極其重視賓客的一個最基本需求——安全。飯店賓客同其他任何人一樣，需要安全，需要受保護，使其免遭人身及財產的損害。這種安全需求對於在旅途之中，身處異國他鄉的賓客來說尤為突出。因此，作為賓客家外之「家」的飯店客房必須是一個安全的場所，飯店有義務和有責任為賓客提供安全和保護。安全是飯店各項服務活動的基礎，只有在安全的環境內，各種服務活動才能得以開展，並確保其質量。

二、客房安全工作的基本環節

客房的安全管理意義大、範圍廣、要求高，要做好這項工作，必須抓住重點。一般來說，客房安全管理主要應抓好三個基本環節。

（一）消防工作

消防工作主要包括火災的預防和警報、火災事故的處理。飯店應貫徹「消防為主、防消結合」的方針，切實採取有效措施，以達到「消除火災、控制火警、確保安全」的目標。

1.堅持依法管理，制定消防管理制度

現代化的消防管理是以健全的法規為主要標誌的。目前，中國的消防法規大體可分為三類：一是消防基本法規，它是國家消防工作總的指導準則。二是消防行政法規，它是消防基本法規的補充和具體化。三是消防技術法規，它是用以調整消防技術領域中人與自然科學技術關係的準則和標準。飯店的消防工作必須遵循國家消防法規，並制定相應的規章制度，使飯店消防工作做到有法可依、有章可循。

2.制定防火工作措施，從制度上預防火災事故的發生

飯店引起火災的原因眾多，但以吸煙、使用明火不當、電器設備走火居多。所以，飯店要做好消防工作，必須制定嚴格的消防措施。其中包括使用明火規定，電器設備的安裝、檢修規定，客房安全管理制度等等，以確保消防工作有標準、有依據。

（1）配備必要的消防設施

為有效地做好防火工作，飯店必須配備如滅火器、防火器、排煙裝置、煙霧與溫感報警裝置、自動噴淋裝置、消防專用電梯等消防設施和器材，並應定期進行檢查和啟動，保證消防設施和器材的完好。

（2）發動群眾，及時消除火災苗頭和隱患

飯店發生火災事故，往往是由於沒有及時發現、排除事故苗頭和隱患而引起的。這些事故苗頭和隱患大多發生在客房等部門或公共場所，因此，只有發動全體員工提高警惕，及時發現和處理各種事故苗頭和隱患，才能預防火災事故。

（二）治安管理

治安管理是飯店為防盜竊、防破壞、防流氓活動、防治安與災害事故進行的一系列管理活動。其目的是為了保障客人、飯店和員工的財產不受損失，客人及員工的人身不受傷害。飯店的治安管理，既要參照國外先進飯店的管理經驗，遵循國際慣例，又不能有違本國的治安管理條例，真正把治安管理和優質服務有機的結合起來，達到內緊外鬆、確保安全的目標。

1.配備必要的設施

為了有效防止失竊、兇殺等案件的發生，飯店除了增強全員安全意識外，需要注意配備必要的防盜、防暴設施，如閉門鎖、門窺鏡、防盜扣（鏈）、防盜報警裝置、閉路電視監控系統、電子門鎖系統。

2.加強對客人的管理

如前所述，飯店作為公共場所，人員流動大，構成複雜，往往是犯罪分子作案的理想日標和隱藏匿居的地點。所以，必須加強對客人的治安管理。

第一，制定具體的賓客須知，如住宿須知等，明確告知客人應盡的義務和注意事項。

第二，加強入住登記工作，嚴格執行憑有效身分證登記入住的規定，並且要做好驗證工作和制定客人領用鑰匙的規定。

第三，建立和健全來訪客人的管理制度。應明確規定來訪客人的離店時間，嚴格控制無關人員進入樓層。

第四，加強巡邏檢查，發現可疑和異常情況及時處理。

3.建立財物管理制度

為了使客人和飯店的財物不受損失，飯店必須建立和健全貴重物品保管及保險箱的管理制度、行李寄存及各種物品存放和領用制度等。

4.突發事件的處理

一家飯店縱然防範很嚴，也難免會出現一些諸如打架、賣淫、盜竊等違法犯罪活動。所以，飯店除加強預防外，還必須制定處理突發事件的有關規定，如報警、現場保護、急救、事故檔案等，以便把損失降到最低程度，並為破案創造有利的條件。

（三）勞動保護

勞動保護就是為保障員工勞動過程中的安全與健康所採用的各種技術措施的總稱。做好勞動保護，關鍵應抓好以下四項工作：

1.堅持安全生產，防治工傷事故

通常，人們往往會不假思索的認為，在飯店工作，特別是客房工作，是安全的。但事實並非如此。如不注意安全、違反操作規程、漫不經心，就極易發生工傷事故。所以，要防止工傷事故，就必須堅持安全生產。

2.改善勞動環境，預防職業疾病

飯店勞動環境的好壞，不僅影響到員工的工作熱情和工作效率，而且也關係到員工的身心健康。如果一名員工長期在嘈雜、陰暗、潮濕、高溫等環境下工作，將會導致一些職業病的發生。如洗衣房等場地的環境應引起足夠的注意。另外，還要注意對員工進行定期健康檢查，建立健康檔案。

3.實行勞逸結合

實行勞逸結合，就是既要為社會主義多作貢獻，又要保證員工的休息娛樂。為此，飯店必須合理組織勞動，安排好工作人員的休息娛樂，儘量避免加班加點，以保證員工有足夠的休息時間。同時，還要注意舉辦各種文化體育活動，增強員工的體質。

4.注意保護和保障女工的健康

女員工由於生理特點，如經、孕、產、哺乳期，比男員工更易疲勞和患病。所以，為了保護女員工和下一代的健康，飯店必須對女工實行必要的特殊政策。

三、客房安保工作的具體內容

（一）消防計劃制定

1.消防安全告示

消防安全告示應在客人一入店時就進行。從法律上來説，遊客從登記入住時起，就是飯店的客人了，飯店對客人的安全都負有法律上的責任。所以，從客人一入店就應當告訴客人防火安全知識和火災逃生的辦法。有的飯店在客人入店登記時發給一張住宿卡，在住宿卡上除了註明飯店的服務設施和項目外，還註明防火注意事項，印出飯店的簡圖，並標明飯店的緊急出口。

客房是客人休息暫住的地方。客人在住店期間待得最長的是在客房。飯店應當利用客房告訴客人有關消防的問題。在房門背後安置飯店的《火災緊急疏散示意圖》，在圖上把房間的位置及最近的疏散路線用醒目的顏色標在上面，可以使客人在緊急情況下安全撤離。在房間的寫字檯上應放置「安全告示」，或放有一本《萬一發生火災時》的小冊子，比較詳細的介紹飯店的消防情況，以及在發生火災時該怎麼辦。有的飯店還專門開闢一個閉路電視頻道，播放飯店的服務項目、安全知識和防火及疏散知識。

2.火災報警

在飯店一旦發生火災時，比較正確的做法是先報警。飯店應當使每一名職工明白，在一般情況下應當首先報警。有關人員在接到火災報警後，應當立即抵達現場，組織撲救，並視火情通知公安消防隊。是否通知消防隊，應當由飯店主管消防的領導來決定。有些比較小的火情，飯店是能夠在短時間內組織人員撲滅的。如果火情較大，就一定要通知消防部門。飯店應把報警分為兩級。一級報警是在飯店發生火警時，只是向消防中心報警，其他場所聽不到鈴聲，這樣不會造成整個飯店的緊張氣氛。二級報警是在消防中心確認店內已發生了火災的情況下，才向全飯店報警。

3.火災發生時應採取的行動

每個飯店應按照本飯店的布局和規模設計出一套方案，使各部門和職工都知道萬一發生火災時，店內所有員工要堅守崗位，保持冷靜，切不可驚慌失措，到處亂跑，要按照平時規定的程序做出相應的反應。所有的人員無緊急情況不可使用電話，以保證電話線路的暢通，便於飯店管理層下達命令。

（二）客人安全控制

飯店對其客人的安全負有特殊的責任，即在合理的範圍之內，使他們免遭人身的傷害，保護他們財物的安全。

飯店如何保證客人安全在一定程度上取決於飯店的設計、布局、所處地址、經營方式、客人種類等許多因素。但是，有一些通常傷害客人的犯罪形式及一些特別能引起犯罪活動動機的地方，是制定客人安全計劃時必須特別注意的。

1.入口控制

經營性的飯店的大門是向社會敞開的，歡迎客人來住宿、會客、開會等。在日常頻繁進出的人流中，難免有圖謀不良分子或犯罪分子混雜其間。大門入口的安全措施應包括：

（1）飯店不宜有多處入口處，應把入口限制在控制的大門。這種控制是指有安全門衛或閉路電視監視設備控制。在夜間，只應使用一個入口處。

（2）飯店大門的門衛既是迎賓員，又應是安全員。應對門衛進行安全方面的訓練，使他們能用眼光觀察、識別可疑分子及可疑的活動。另外，對飯店大門及門廳裡的各種活動要進行監視。如發現可疑人物或活動，則及時透過現代化通訊設備與保安部聯絡，以便採取進一步的監視行動，制止可能發生的犯罪或其他不良行為。

（3）有條件的話，在大門入口處安裝閉路電視監視器（攝影鏡頭），對入口處進行無障礙監視。由專職人員在安全監控室進行24小時不間斷的監視。監視人員與門衛及在入口處巡視的安保人員組成一個無形、有效的監視網，保證大門入口處的安全。

2.電梯控制

在大多數飯店，尤其是高層建築的飯店中，電梯是到達客房的主要通道。要確保客房層的安全，必須對電梯嚴格加以控制。在大廳的電梯口，可設一服務崗位。由服務員招呼、迎送上下的客人並協助客人合理安排電梯上下，盡快疏散人流。這一崗位上的服務員同樣應接受過安全訓練，學會發現、識別可疑人物，當有可疑人物進入客房層時，應與在客房層巡視的安保部人員聯絡，對進入客房層的可疑人物進行監督。有閉路電視監視網的飯店，應在大廳電梯口（最好在各客房層的電梯口）裝一攝影鏡頭，由安全監控室的專職人員對上下電梯的人員進行進一步監視或採取行動制止不良或犯罪行為。

3.客房走道安全

派遣安保部人員在客房走道裡巡視應是安保部的一項日常、例行的活動。在巡視中應注意在走道上徘徊的外來的陌生人及不應該進入客房層或客房的飯店職工；也應注意客房的門是否關上及鎖好，如發現某客房的門虛掩，安保人員可直接進入客房檢查是否有不正常的現象。即使情況正常，純屬客人疏忽，事後也應由安保部發一通知，提請客人注意離房時鎖門。

但是，單靠安保部人員巡視來保證客房走道的安全是遠遠不夠的。因為巡視的安保人員為數少，客房層面積大，因此，有很大的局限性。飯店安全計劃應明確要求凡進入客房區域工作的飯店工作人員，如客房服務員、客房部主管及經理、客房用餐部人員等都應在其中發揮作用，隨時注意可疑人物及不正常的情況，並及時向安保部門報告。當然，裝備有閉路電視監視系統的飯店，在每個樓層上都裝有攝影鏡頭，這也能很好地協助對客房走道的監視及控制。飯店還應注意保持客房層走道的照明正常及地毯鋪設平坦，以保證客人及職工行走的安全。

4.客房安全

客房是客人暫居的主要場所、客人財物的存放處，所以客房的安全是至關重要的，也是飯店安全計劃的主要內容。飯店應從客房設備的配備及有關部門的工作程序設計這兩方面來保證客人的人身及財物安全。

（1）為防止外來的侵擾，客房門上的安全裝置是必要的，其中包括能雙鎖的鎖裝置、安全鏈及廣角的窺視警眼（無遮擋視角不低於160度）。除正門之外，其他能進入客房的入口處都有上閂或上鎖。這些入口處有：陽臺門、與鄰房相通的門等。

（2）客房內的各種電氣設備都應保證安全。浴室的地面及浴缸都應有防止客人滑倒的用品。客房內的茶具及浴室內提供的漱口杯及水杯、馬桶等都應及時、切實消毒。如浴室的自來水未達到直接飲用的標準，應在水龍頭上標上「非飲用水」的標記。平時還應定期檢查家具的牢固程度，尤其是床與椅子，使客人免受傷害。

（3）在客房桌上還應展示有關安全問題的告示或須知，告訴客人如何安全使用客房內的設備與裝置，出現緊急情況時所用的聯絡電話號碼及應採取的行動。告示或須知還應提醒客人，注意不要無所顧忌地將房號告訴其他客人和任何陌生人；應注意有不良分子假冒飯店職工進入客房。

（4）飯店內有關部門的職工應遵循有關的程序保證客房的安全。客房清掃員在清掃客房時必須是把門開著，並注意不能將客房鑰匙隨意丟在清潔車上。在清掃工作中，還應檢查客房裡的各種安全裝置如門鎖、門鏈、警眼等。如有損壞，及時報告安保部。引領客人進房的行李員應向客人介紹安全裝置的使用，並提請客人閱讀在桌上展示的有關安全的告示或須知。飯店員工不應將登記入住的客人情況向外人洩露，如有不明身分的人來電話詢問某位客人的房號時，電話員可將電話接至該客人的房間，絕不可將房號告訴對方。總服務臺人員在接待訪客時，也應遵循為住店客人保密的原則。

5.客房門鎖與鑰匙控制

客房門鎖是保護客人人身及財產安全的一個關鍵。堅固和安全的門鎖以及嚴格的鑰匙控制是客人安全的一個重要保障。

鑰匙丟失、被隨意發放和私自複製或被偷盜等都會給飯店帶來嚴重的安全問題及損失。飯店管理機構應設計出結合飯店實際情況的客房鑰匙發放、保管及控制的程序，以保證客人人身及財物的安全。一般來說，這個程序包括以下的內容：

（1）總服務臺是發放與保管客房鑰匙的地方。當一個客人完成登記入住手續後，就發給客人該房間的鑰匙，客人能在居住期內自己保管這把鑰匙，或外出時將鑰匙交還給服務臺，待回房時再領取。

（2）客人到總服務臺領取鑰匙時，應出示住宿卡表明自己的身分。總服務臺人員核對其身分後方能發給。

（3）在客人辦離店手續時，客務的工作人員應抓緊每一個合適的機會提醒客人將鑰匙歸還。如在客人結帳、領取行李時，或走出飯店大門時，客務各部門的工作人員都可以禮貌地詢問，提醒客人不要把客房鑰匙帶走。

（4）工作人員，尤其是客房服務員所掌握的客房鑰匙不能隨意丟放在工作車上或插在正在打掃的客房門鎖上，應要求他們將客房鑰匙隨身攜帶。客房服務員在樓層工作時，如遇自稱忘記帶鑰匙的客人要求代為打開房門時，絕不能隨意為其打開房門。

（5）防止掌握客房鑰匙的工作人員圖謀不軌。區域客房通用鑰匙通常由客房服務員掌管，每天上班時發給相應的客房服務員，完成工作後收回。客房部每日記錄下鑰匙發放及使用的情況，如領用人、發放人、發放及歸還時間等，並由領用人簽字。還應要求服務員在工作記錄表上記錄下進入與退出每個房間的具體時間。

（6）目前，絕大多數三星級以上的酒店均採用了磁卡門鎖系統。總臺在為客人辦理登記手續時均會為客人製作一張磁卡鑰匙，每張磁卡都有一個相應的開啟房門的密碼。如果客人不慎丟失磁卡鑰匙，只要到總臺重新製作一張即可，前一張磁卡密碼會自動失效，這就大大提高了客房的安全性。不過，對於客房清掃中使用的通用磁卡鑰匙同樣要建立嚴格的發放回收制度。

6.旅客財物安全保管箱

按照中國的有關法律規定，飯店必須設置旅客財物保管箱，並要建立一套登記、領取和交接制度。客房雖有門鎖及其他保安措施，但它不是絕對安全的。國外有的法律或地方法規規定，如飯店不能提供旅客財物安全保管箱而導致客人在客房內丟失貴重物品，將被追究責任，並被責成賠償客人損失。

飯店財物安全保管箱應放置在使用方便、易於控制的場所。未經許可的人，不管是旅客還是員工均不得入內。旅客財物安全保管箱一般設在總服務臺後邊的區域。在使用安全保管箱時，應只能允許一位客人進入，使得客人能放心地把貴重物品存入安全保管箱。

為了保證客人貴重物品保管的安全，按照國際慣例，安全保管箱客人所使用的鑰匙只配製一把，如果客人把鑰匙丟失或不能交回鑰匙，本人將交付打開保管箱的一切費用。所付的費用應在《安全保管箱使用單》上註明。

7.客人傷病處理

飯店應有各種措施預防病人受傷病之害。一旦客人受傷或生病，飯店應有緊急處理的辦法及能勝任搶救的人員。

（1）如飯店無專門的醫療室及專業的醫護人員，則應選擇合適的員工接受急救的專業訓練，並配備各種急救的設備器材及藥品。

（2）如發現傷病客人，應一方面在現場急救，另一方面迅速安排病人就近入院。

（3）對客人傷病事件，應有詳細的原始記錄，必要時據此寫出傷病事件的報告。

（三）員工安全控制

對飯店來說，它有法律上的義務及道義上的責任來保障在工作崗位上的員工安全。因飯店忽視員工安全，未採取各種保護手段及預防措施而引起或產生的員工安全事故，飯店負有不可推卸的責任，甚至將受到法律追究。另外，從員工的角度來看，員工如同客人一樣，需要有人類共同渴望的安全感，希望得到保護，使自身及財物免遭傷害。如無此項基本保障，很難設想要求員工做好本職工作，保證服務質量，提高工作效率。

因此，員工安全也是客房安全管理的組成部分。在制定職工安全計劃時，應從員工安全的角度出發，審視飯店整個運轉過程，結合各個工作崗位的工作特點，提出員工安全標準及各種保護手段和預防措施。

1.勞動保護措施

（1）各個工作崗位都要制定安全操作標準。飯店櫃臺服務工種基本上以手工操作為主，如客務行李員、客房清潔服務員等。應根據各個崗位的工作要求、服務對象、服務程序，制定出安全工作的標準。隨著各種工具、器械、設備應用的增多，應制定安全使用及操作這些工具、器械、設備的標準。

（2）在技術培訓中包括安全工作、安全操作的訓練。飯店培訓部及其他各部門組織員工培訓時，應將安全工作及操作列入培訓的內容。在學習及熟練掌握各工作崗位所需的技能、技巧的同時，培養員工「安全第一」的觀念，養成良好的安全工作及安全操作的習慣，並使員工掌握必要的安全操作的知識及技能。

（3）定期檢查及維修工具與設備。對員工使用的工具與設備，制定定期檢查及維修的制度。工程設備部應嚴格按照安全標準，進行檢查及維修，確保員工使用的安全。

參考資料

客房安全工作注意事項

不讓碎玻璃片掉入織物用品	注意包裹住的碎玻璃	將碎玻璃與金屬廢物放入恰當的容器內
將碎玻璃倒入專用的垃圾桶	從桶內往外扒垃圾要戴手套，以免垃圾里有碎玻璃或剃鬚刀片	拿著帶尖頭的物品時，將尖頭朝下，別對著自己
菸灰都要倒入抽水馬桶，不要倒入廢物桶內	絕不在電梯內抽煙	將菸灰缸置於梳妝台而不放在床邊，以免使客人產生在床上吸煙的念頭
及時將剃鬚刀內不潔物倒淨	不將客房服務用托盤留在賓客走道上	在走廊上靠右行走
工作中使用正確的清潔設備	絕不使用椅子或箱子代替梯子	走道上不能有電線
迅速去除易絆腳與滑跌的險情	上下樓梯使用扶手	將有問題的電線、插頭、插座及未予檢查的電器情況立即向主管報告
任何電器接入電前須檢查電線與插座是否完好，若發現破損或磨損、或發生冒火的情況，別硬把它接入電源，將該電器退回電器商店要求更換	跪下查看地毯或地磚上有無碎玻璃，若發現碎玻璃，先用掃帚掃去，再使用手提吸塵器清潔。處理碎玻璃要戴手套	發現賓客抽煙不慎的情況要及時報告，如燒壞了地毯或床單、地面上有燃滅的火柴棒等
小車進出電梯間要小心電梯內部要超載	不將床單堆在地上	知曉處理賓客受傷與生病的程序
在公共區域與行李房放置行李時要小心謹慎	提拿行李要力所能及，不要一次提太多	撿起樓梯或地面上不該有的異物
等駛入的小汽車在界石邊停下後再給予開門	確保等客人的手與腳脫離車門再關上車門	知道輪椅與擔架放置的地方

2.員工的個人財物安全

（1）在員工進出口處，由安保人員值勤，防止外來不良分子流竄進入，並檢查帶出飯店的物品。

（2）為上班的員工提供個人衣物儲藏箱，儲藏箱一般設在更衣室內。

3.保護員工免遭外來的侵襲

在各崗位服務的工作人員，可能遭到行為不軌或蠻不講理的客人侵擾。如男服務員可能遭到毆打，女服務員可能受到調戲等。一旦發生這種情況，在場的工作人員應及時上前協助受侵襲的服務員撤離現場，免遭進一步的攻擊，並盡快通知安保部人員迅速趕到現場，酌情處理。另外，還應給上夜班、下晚班的員工安排交通工具回家，或安排住宿過夜，免遭不測。

（四）飯店財產安全控制

客房是擁有大量財產及物品的部門，這些財產及物品為飯店的正常運行、服務及客人享受提供良好的物質基礎。它們每天由飯店的職工、客人及其他外來者接觸和使用。對這些財產及物品的任何偷盜及濫用都意味著飯店的損失。因此，財產安全計劃中應包括周密制定的控制方法和措施，以保證飯店的財產免遭損失。

1.防止員工偷盜行為

飯店員工在日常工作及服務過程中直接接觸飯店的各種財產與物品，因此，有更多的機會濫用或糟蹋這些財產與物品。再加上飯店的許多財產與物品有供個人、家庭使用或再次出售的價值，這很容易誘使飯店的職工進行偷盜。

在防止員工偷盜行為時，應考慮的一個基本問題是員工的素質與道德水準。這就要求在錄用員工時嚴格把好關，進店後進行經常性的教育並有嚴格的獎懲措施。獎懲措施應在員工守則中載明並照章嚴格實施。對有誠實表現的員工進行各種形式的獎勵及鼓勵；反之，對有不誠實行為及偷盜行為的職工視情節輕重進行處理，直至開除出店。思想教育和獎懲手段是相輔相成的，只要切實執行，是十分有效的。

另外，還應透過各種措施，儘量限制及縮小員工進行偷盜的機會及可能。如：

（1）員工上班必須穿上工作制服，戴上名牌，便於安全人員識別。

（2）在員工上下班進出口，由安全人員值班，檢查及控制職工攜帶進出的物品。

（3）完善員工領用物品的手續，並嚴格照章辦事。

（4）嚴格控制倉庫的儲存物資，定期檢查及盤點物資數量。

2.防止客人偷盜行為

客人偷盜的對象往往是客房內的物品，如手巾、浴巾、房間用餐的餐具及其他有使用價值或紀念意義的物品。在這方面可採取的措施有：

（1）將這些有可能成為客人偷盜目標的物品，印上或打上飯店的特殊記號，使客人打消偷盜的念頭。

（2）有些使客人引起興趣，想留作紀念的物品，可供出售。這點可在《旅客須知》中說明。

（3）客房服務員日常打掃房間時，對房內的物品加以檢查；在客人離開房間後對房間的設備及物品進行檢查。如發現有物品被偷盜或設備被損壞，應立即報告。

3.防止外來人員的偷盜行為

（1）加強入口控制、樓層走道控制及其他公共場所的控制，防止外來分子竄入作案。

（2）飯店不應在沒有安全措施的情況下，將有價值物品放置在公共場所。

（3）外來的辦事人員、送貨人員、修理人員等只能使用職工入口處，並必須經安全值班人員問明情況後才能放行進入。這些人員在完成任務後，也必須經職工出口處離店。安保人員應注意他們是否攜帶飯店的物品出店。

本章小結

1.選擇客房對客服務模式是做好客房服務工作的前提。一個好的客房服務模式應是既體現飯店的經營特色，又能受到大多數客人的歡迎。

2.確定設立哪些服務項目，提供哪些具體的服務內容，要在分析客人需求的前提下，並結合飯店自身星級等級的情況做出決定，即把握適合和適度兩大原則。

3.客房服務質量水準反映了飯店的質量水準，在設計服務質量標準時要綜合考慮相關因素，運用科學合理的方法保證客房服務質量的穩定性。

4.安全是客人選擇飯店的決定性因素。在客房的經營管理中，任何管理人員和服務人員有義務和有責任為賓客提供一個安全的住宿環境，這是飯店開展各項服務活動的基礎。同時，對酒店管理方而言，為員工創造一個安全的工作環境應是一件常抓不懈的重要工作。

思考與練習

1.如何理解客房服務項目設立的兩大原則？

2.客房服務模式有哪兩種形式？各有什麼優缺點？

3.客人住店期間的服務工作主要有哪些？提供服務時應注意哪些事項？

4.商務客人對客房服務的基本需求有哪些？

5.度假客人對客房服務的基本需求有哪些？

6.個性服務的含義和內容是什麼？

7.客房服務工作管理的內容有哪些？

8.客房接待服務規程的設計包括哪些內容？

9.客房服務人員配備按怎樣的步驟進行？

10.確定員工勞動定額需要考慮哪些因素？

11.客房服務質量保證體系包括哪些內容？

12.客房安全工作的內容及要求有哪些？客房安全工作有何意義？

第4章 客房與公共區域的清潔保養

導讀

飯店客房的清潔衛生是構成客房商品質量的重要組成部分，同時，清潔衛生也是客人選擇一家飯店時首要的考慮因素。因此，做好客房的清潔衛生工作具有極其重要的意義。清潔衛生工作的管理是客房部管理工作的永恆主題，值得每個管理者高度重視。客房的清潔衛生工作主要包括了客房的日常清掃工作、客房的計劃衛生工作和整個飯店公共區域的清潔保養工作等幾方面的內容。

學習目標

領會清潔保養的原理

理解飯店公共區域清潔保養工作的重要性

瞭解公共區域清潔保養的工作內容

掌握公共區域清潔保養的技巧及工作流程

掌握客房清潔保養的方法和技巧

第一節 清潔保養原理

清潔保養客房和飯店的工作區域是客房部的一項主要任務。清潔衛生是賓客選擇一家飯店的重要依據，也是體現客房服務質量的主要特徵之一。清潔保養工作的好壞直接影響著飯店的形象、氣氛以及經濟效益。

一、清潔保養特性

清潔的概念不僅是乾淨，它還應具有更深的內涵。世界權威的衛生組織之一——國際清潔衛生用品商聯會（ISSA）用一個英文單字「SHAPE」來概括清潔的特性，每個字母代表了一種特性。

S：Safety，安全，即清潔能帶來安全衛生。

H：Health，健康，即清潔能帶來健康。

A：Appearance，外觀，即清潔代表了外貌美觀，如建築物表面。

P：Protection，保護，即清潔能給建築物或設施設備以保護，同時清潔有利於環保。

E：Economic，經濟實用，即清潔能減少浪費，降低成本消耗。

二、髒汙的表現形式

清潔保養工作之所以成為必要，是因為髒汙的存在。髒汙的表現形式主要有以下幾種：

（1）灰塵。這可以認為是「髒」的初級階段。灰塵可懸浮於空氣之中，並逐漸停留在暴露於空氣中的所有物體表面。

灰塵一般包括下列的一部分或全部，如灰塵、毛髮、絨毛、膚屑、細菌和沙礫等。沙礫比大多數灰塵分子要重，對地板表面可造成相當損壞。

灰塵如不及時清潔，不僅可使空氣混濁，物體表面顯得灰暗和粗糙，而且能產生霉味，這會使害蟲滋生，如蛾、老鼠、昆蟲等。灰塵的去除一般只需通風即用吸塵器、拖把和抹布清潔即可。

（2）汙垢。灰塵附著於物體表面後遇水分或油脂即可成為黏著的汙垢。這時的清潔工作就比較麻煩了，一般要用抹布、拖把、百潔布、刷子、清潔機器加上水或清潔劑才可有效。

（3）漬跡。漬跡是一種褪色，經常是由於不小心而沾染了蛋白質、酸、鹼、染料，或是在某種場合中偶然或粗心大意使用熱力所致。漬跡與汙垢不同，汙垢經過一系列的清潔可以除掉。而舊的漬跡一般很難去除，但如能確定是新的汙漬，使用下列方法就有可能除掉：粉末（吸收），溶解（溶化），使用酸或鹼性去汙劑。

（4）鏽蝕變色。這是由於一種金屬與水中、食品中或空氣中的物質發生化學反應而造成的。這種變色要看是由何種金屬引起，如鐵鏽（棕色），銅鏽（綠色），銀、金和鋁等的暗變等，如不經常除掉，金屬最終會被腐蝕。酸是最有效的變色去除劑，它常與摩擦清潔劑一起使用。熱的蘇打或明礬溶液也可解決變色問題。但這些方法都不能產生閃光的表面，所以清潔後要拋光。為了不變色，金屬可以用電鍍、搪瓷、油漆來保護，或是包以鉻、尼龍、塑料或塗料。

三、清潔保養的概念

顧名思義，清潔保養含有兩個方面的內容，一為清潔，即去除塵土、油垢和汙漬，二是保養，即保護調養使之保持正常狀態。從概念上看，清潔和保養是兩回事。比如對硬質地面補蠟、拖塵和濕拖均是保養地面的工作，但當蠟面變黃或有汙漬，要用起蠟水起蠟時便是清潔工作。又如每天清潔浴缸、馬桶等是保養工作，而對馬桶起鹽漬或浴缸起肥皂漬的時候便是清潔工作。

若保養工作做得好，便可將需要清潔的週期延長，這無疑在經濟上是合算的。在清潔保養工作中應多做「保養」而少做「清潔」，因為凡是有一點濃度的清潔劑都會多少損害建築物和裝飾品。

四、清潔保養的意義

有效的清潔保養工作使飯店看上去顯得舒適、高雅、富有魅力，它是一家飯店興旺發達的標誌；它滿足了客人對飯店最基本和最迫切的要求，因而能使客人覺得物有所值並對飯店產生好感；它能創造整潔衛生的環境，使得員工心情愉快，精神振奮，從而使工作面貌煥然一新；它能延長飯店建築、設備、用品的使用壽命；此外，現代化的清潔保養工作使得勞動強度降低，速度加快，質量提高，其效益不可低估。

第二節 客房的清潔整理

客房屬於住客的私人場所，因而客人對客房的要求往往比較高。雖然客人在跨入飯店的同時已經形成對飯店的第一印象，但當他來到屬於自己的空間——客房時，這之前的所有印象馬上被客房裡的一切所代替。因此，客房是飯店的心臟。除非客房的裝修完好、空氣清新、家具設施一應俱全，否則你將無法讓客人再次光臨。

一、客房清潔整理標準的制定

（一）客房服務標準化的內容

客房服務工作要有一個明確的標準，這個標準是做好服務工作的依據。服務質量標準化、服務方法規範化、服務過程程序化均屬於標準化範疇，是標準化管理的主要內容。

1.服務質量標準化

服務質量標準化是就飯店服務工作制定和實施明確的服務標準的過程。實行質量標準化，能使客房的清掃和其他服務工作以及每個服務員都有了明確的目標。客房的質量標準化主要包括兩個方面：

（1）標準擺件。標準擺件是明確規定擺件的順序、位置、方向、件數與種類。例如，客房浴室「五巾」的數量及擺設規格。

（2）標準分量。標準分量是指明確規定每種用品或實物的數量定額。例如，標準房規定的壁櫃中的衣架數量定額。

2.服務方法規範化

服務質量標準是服務工作應該達到的目標。怎樣才能達到這一目標呢？當然必須有一個科學的、切實可行的方法。服務方法規範化是指大家按照飯店明文規定的服務標準的方法進行服務工作。例如，客房清潔整理所規定的從上到下、從裡到外的清掃規範。規範化的服務不但可以提高服務的質量，而且也便於檢查和管理，避免差錯和不必要的體力消耗。

3.服務過程程序化

為了達到某項服務的質量標準，不但要有保證服務質量的一套方法，還要在服務過程中有一套嚴格的程序。程序的實質就是對所要進行的行動規定先後次序。服務過程的程序化是指大家按照規定的合理的次序進行服務的過程。客房的每一項工作，無論是直接服務或是間接服務，如果都按照規定的程序進行，服務質量就能得到基本的保證。

（二）客房標準化的意義

標準化的管理方法著眼於對飯店職工的動作、行為及其勞動成果規定科學的統一要求，從而提高飯店的服務質量，實現飯店的目標。客房部清潔衛生質量標準的制定和實施，意味著客房部的工作在優質服務的高水準上達到統一。它的意義在於：

（1）在客房的管理和服務工作中建立了最佳秩序，使客房部的工作做到事前指導有標準，事故差錯可防患於未然，以爭取最佳效果；事後檢查有依據，便於糾正偏差，提高工作質量。

（2）有利於提高服務人員的素質和服務能力，使其有章可循，明白應該怎樣做。

（3）便於管理，避免浪費。

（4）減少客人因服務質量不穩定而引起的投訴，提高客房以及飯店的信譽。

（三）制定標準的原則

1.飯店的經營方針和市場行情

飯店的等級和星級的高低，主要反映的是不同層次的客源的不同要求，標誌著建築、裝潢、設施設備、服務項目、服務水準與這種需求的一致性和所有住店客人的滿意程度。飯店的等級和星級不同，其服務規格的高低和服務項目的多少必然有所區別。客房部在制定客房清潔整理標準和規格時，都應以飯店的經營方針和市場行情為依據。

2.儘量少打擾客人

客房的清潔整理工作是客房部管理水準、人員素質等內容的綜合體現。客房之所以成為客人休息、睡眠的區域，成為客人的「家外之家」，有兩個條件：整潔，否則無法很好的生活；安全，否則無以成其為「家」。因此，客房部管理人員在制定有關客房清潔整理的程序和規範時，應將儘量少打擾客人作為一條重要的原則。

3.「三方便」準則

所謂「三方便」準則，是指在制定有關標準和程序時，必須依照方便客人、方便操作和方便管理的準則來進行。

（1）方便客人

實行標準化管理的目的在於使客人獲得滿意的服務，使其有賓至如歸的感受。賓至如歸，就是要讓客人在客房的起居生活，感到像在家裡一樣方便，且享受家裡沒有的氣氛。因此客房的清潔整理標準，包括家具設備擺設的位置、用品的配備、各項服務標準都必須以此為出發點。脫離了客人的需求，單純強調一切標準化，是沒有任何意義的。標準化的管理要注意結合人的特點。客房服務的對象是人，因此，在客房的清潔整理工作中，既要按相應的規範提供服務，以保證服務的質量，同時又應根據客人的不同特點和要求，進行靈活機動的針對性服務。

（2）方便操作

節省時間，方便職工操作，減少不必要的體力消耗，提高工作效率，是制定標準應遵循的一個準則。因此，客房清潔標準應該簡明、實用。如果清掃客房的操作程序和規範要求讓職工感到費力難做，就失去了標準化管理的本來意義。

（3）方便管理

實行標準化的管理，在於減輕管理者的負擔，便於貫徹管理意圖，使客房服務工作有一個統一的質量標準。客房的清潔整理標準不是什麼新東西，各個飯店都有，而且中外不少飯店都有自己成功的經驗。但這些標準是否都合理，是否都適合自己的飯店，是否都有利於提高工作效率，就不一定了。客房服務標準的制定和貫徹是管理的一種手段。因此，客房部的管理者，凡事都要有自己的管理思想，都必須根據自身的情況，包括客房設施設備的條件、清潔器具的配備和員工素質，甚至自己的管理風格等，來制定和實施符合自己飯店客房實際情況的標準，而不應照抄照搬別人的東西。

（四）制定標準應考慮的因素

1.進房次數

中國許多飯店傳統的服務做法是每天三進房甚至四進房，這沿襲了賓館接待的作風。現在，一些外資、合資飯店大多採用了二進房制（即白天的大清掃和晚間的夜床服務）。因為勞動成本的昂貴，在西方國家裡甚至只有高於三星級的飯店才有二進房服務。

一般來說，進房次數適當的多表示服務規格較高，但必須注意，這樣一來各方面的成本都將上升。所以，確定進房的次數要作全盤考慮，本飯店的等級、客源對象和營業成本應作為主要考慮因素。當然，不論規定進房幾次，一旦客人需要整理客房，我們則應該儘量滿足其要求。

2.操作標準

操作標準一般在各項工作程序中予以說明。不少飯店將有關操作要領拍成照片並張貼出來以供參照，這確實是一種好辦法。

3.布置規格

各種類型的客房應設哪些客房用品、數量多少及如何擺放，這些大都應有圖文說明，以確保規格一致、標準統一。通常，這些布置講求美觀、實用、簡潔。否則，員工難做，且易出差錯，客人也不一定都欣賞。

4.整潔狀況

一般來說，它含有兩方面的內容：生化標準和視覺標準。前者往往由衛生防疫人員來做定期或臨時抽樣測試與檢驗，後者卻要由飯店自己來把握。客人與員工、員工與員工的視覺標準都不盡一致。要掌握好這一標準，唯有多瞭解客人的要求，從中總結出規律性的東西。如：客人對於客房地面、窗戶、床和浴室的清潔、舒適最為看重，因而要求浴室嗅不到異味、看不見汙跡、摸不著灰塵，做床平挺、張弛有致，地毯要每天吸塵，窗戶要定期擦洗。有些飯店還對客人散亂的衣物和桌上用品如何整理做出了一般性的規定。

為了堅持標準而又不致造成人力的浪費或時間的緊張，客房部往往在日常整理客房的基礎上擬定一個週期清潔的計劃，它也被稱為「計劃衛生」。這一計劃要求在一定的時期內（兩週或一個月），將所有客房中平時不易做到或做徹底的項目全部清掃一遍。其方法有兩種：一種是每天做一定量的客房中所有的項目；另一種是每天完成所有客房中一定的項目。

總之，整潔與否要看我們能否把握客人的要求，因為最終的評判者是客人而不是服務人員，如果要為整潔狀況劃一個標準，那麼它應該處於這樣一個範圍：從每一個客人都能接受到每一個客人都能滿意。

5.速度和定額

雖然員工的操作有快慢，但熟練者的平均速度（按一般標準房計）應達到：走客房30～40分鐘，住客房 15～20分鐘，空房與夜床約5分鐘。但是，在實際工作中常常會有例外，所以計算工作定額時要考慮到一些相關的因素。

（1）工作職責的要求。是專職從事客房的清潔整理，還是要兼做別的工作。別的工作約占多少時間？為此會對整理客房的效率影響多少？

（2）客房整潔的標準。標準高必然耗時多。

（3）每層樓的客房數。樓層客房的多少會對員工多做或少做客房產生影響，最好不要讓員工跨樓層做清潔客房，否則應用別的方法來予以調節。

（4）工作區域的狀況。客房面積大小、家具擺設繁簡、外界環境影響等，都對工作量構成或大或小的影響。

（5）住店客人的特點。客人來自的地區、身分地位、生活習慣等都是影響清潔客房速度和定額的重要因素。有時，名義上相同的工作量實際上要相差很遠。

（6）員工的熟練程度。經正規訓練並形成良好工作習慣的員工都能完成正常的工作量。

（7）工作器具的配備。從清潔劑、手工用具到機器設備都將在一定程度上影響著工作的效率。

以上只是確定工作定額時需要考慮的一些基本因素，一旦定額標準制訂出來，還要根據情況的變化而作適當的調整。

二、客房日常清潔整理的內容及工作程序

整理客房又稱做房。它包括如下幾個方面的工作內容：

（1）整理：即按規格和要求，整理和鋪放客人使用過的床鋪；整理客人使用過後放亂的各種用品、用具；整理客人亂放的個人衣物、用品。

（2）打掃除塵：用掃把掃清地面；用吸塵器吸去地毯、軟座椅上的灰塵；用指布揩擦門框、窗臺、桌櫃、燈罩、電視機等家具設備；倒掉煙灰缸中的煙灰、垃圾桶裡的廢物。

（3）擦洗浴室：整理各種衛生用品及客人用具；倒去髒紙汙物；擦洗衛生潔具（洗臉臺、馬桶、浴缸）、鏡面、水龍頭；擦洗四周的瓷磚牆面及地面。

（4）更換及補充用品：在客房和浴室的清潔整理過程中，按要求更換床單、床墊、枕套、面巾、手巾、浴巾、腳墊巾等棉織品；補充文具用品、火柴、衛生紙、肥皂、茶葉等供應品。

（5）檢查設備：在客房和浴室的整理過程中，檢查燈具、水龍頭、馬桶的抽水設備，以及電視機、音響設備、空調設備、電話機等設備是否能正常工作。同時，還應注意各種家具、用品是否被客人損壞等。

如果有住客，還要做好客房晚間服務，如倒煙灰、垃圾，整理用品、用具，做好夜床、拉上窗簾並打開床頭燈等服務。

（一）清掃前的準備工作程序

（1）領取工作鑰匙，並簽名。

（2）決定清掃順序。一般情況下的清掃順序依次為掛「請速打掃」牌房間、

VIP房間、住客房、走客房（退房）、空房。出租率高峰情況下的清掃順序可以是走客房、掛「請速打掃」牌房間、VIP房間、住客房、空房。

（3）準備工作車。按一個班次工作量所需供應品、備品數量布置工作車，按飯店規定布置充足，整齊。

（4）準備清潔用具。檢查吸塵器的性能，蓄塵袋是否已倒淨，準備房間抹塵及擦抹浴室的抹布，準備好刷洗浴室所用的清潔劑、馬桶刷、浴缸刷。

（二）住客房和退房臥室的清掃程序

1.停放工作車

工作車擋住房門1/3靠牆停放，這樣既便於觀察工作車上的物品，又不致使住客房的客人出入房間遇到障礙。

2.進入客房

（1）敲門前要先觀察門上是否掛有「請勿打擾」牌或是否有雙鎖標誌，避免唐突客人。

（2）如無上述情況，則用中指第二個指節叩門三下，不要用手拍門或直接用鑰匙開房門。

（3）敲門的同時應目視門鏡，便於客人觀察門外情況。

（4）若房內無反應，則第二次敲門，靜候房內反應。

（5）如仍無動靜，此時才可將房門用鑰匙打開，但應注意不要用力過猛。

（6）將房門打開一半時同時報一下自己的身分，注意音量適中，如知道客人的姓名，應以姓氏稱呼。

（7）如房內有客人，則應先向客人道歉，徵得客人同意才可進房打掃；如無客人則將房門全部打開並開始清掃；如客人在睡覺，則應輕輕退出房間，將門輕輕帶上，先去打掃另外的房間。

（8）在清掃過程中應注意無論客人在房內與否都應將房門全部打開直到清掃工作結束。

3.收拾垃圾

（1）注意環形收拾，對於住客房內可能有保留價值的東西不可隨意丟掉。

（2）不要忘記收拾浴室內廢棄客用品以及廢紙簍內的垃圾。

（3）收拾垃圾過程中，不要忘記將房內用過的煙缸、杯子放入浴室準備刷洗或放回工作車準備調換。

（4）將垃圾袋的袋口繫緊放入工作車上的大垃圾袋內，並將房內所需新的床上用品帶入。

4.鋪床

按飯店要求，並遵循節時高效、清潔衛生、方便入睡的原則鋪床。

5.抹塵

抹塵時應遵循從門開始、自左至右或自右至左、從上到下、從裡到外、一擦到底的抹塵原則，凡伸手可及的地方都要擦到。在抹塵過程中遇到有電器時均應順手開關，並留意是否有故障的電器。

6.補充臥室用品

按要求擺放客用品，要保證數量充足，位置統一。

7.吸塵

用吸塵器吸淨地毯灰塵，從裡到外，順方向吸一遍，吸塵過程中應順手將家具擺放整齊。

8.填寫客房清潔報表（見表 4-1），如有需要維修的項目，應填寫報修單。

表4-1 客房服務員清潔報表

酒店
HOTEL

ROOM ATTENDANT MAKE UP ROOM REPORT

Floor
樓層 ________

RA
服務員 ________

Room No. 序號	Room Status 房態	時間(TIME) 進 IN	出 OUT	DND	早餐牌	擦鞋器	乾洗單	水洗單	乾洗袋	水洗袋	購物袋	火柴	信紙	傳真紙	信封 航空	普通	原子筆	賠償表	價目表
合計																			

Extra Bed 加床		Transfer 變壓器		Iron & Board 燙衣板	
Baby Cot 嬰兒床		Adaptor 插座		Extra Pillow(Blanket)加枕(毛毯)	

Maintenance work orders 房間維修要求

Remarks 備註

Section 分段______ Supervisor 領班______ Date 日期______

明信片	意見卡	小冊子	針線包	晚安卡	留言紙	拖鞋	餐巾紙	調酒棒	咖啡	杯墊	吧單	洗髮精	沐浴乳	護膚液	牙刷	梳子	刮鬍刀	棉花棒	沐浴帽	大香皂	小香皂	面紙	衛生紙	塑膠袋	礦泉水	垃圾袋	
																										白	黑

V.I.P 貴賓		Lost & Found 失物招領		Sleep Out 外宿		DND 請勿打擾	
L.S.G 長住客		Open Door 開門		Laundry 洗衣		N/B/L/B 無（輕）行李	

（三）鋪床步驟及要求

1.鋪床步驟

（1）將床拉出約30～50cm，便於操作。

（2）將床上用過的布單一層一層揭下，注意是否有小物品在內。

（3）將毛毯、床罩、撤下的床單稍微折疊一下分別放在適當的位置，切不可將床單團成一團扔在地毯上。

（4）將床墊和床架對齊，並整平，繃緊鋪在床墊上的墊褥。

（5）鋪第一條床單，注意抖單乾脆，兩臂用力均勻，床單正面向上，中線居中。

（6）依次在床側包4個90度直角。

（7）鋪第二條床單，注意反面向上，中線居中，單頭齊床頭。

（8）鋪毛毯，注意花紡圖案居正，床兩側下垂均勻，毛毯商標應在床尾，毛毯距床頭約25～30cm。

（9）裝枕芯，先將枕套用雙手撐開將其抖動一下，然後用左手掀開枕套開口，右手抓緊枕頭送入枕套，最後整理成形，放於床頭正中，壓毛毯5～6cm，離床頭約5～10cm，注意枕套開口應朝向床頭櫃相反的方向。

（10）鋪床罩，將床罩打開平鋪於床上，先定住床尾，然後將床罩拉向床頭，蓋枕頭的部分應多出枕頭 5～10cm，將多餘部分壓入兩個枕頭下，將床頭兩側床罩整齊。

（11）將床推向原位，將床罩床尾部的下擺整齊掖緊。

2.鋪床操作要領及要求

（1）鋪兩條床單時應注意正反面，抖單時要乾淨俐落，掌握八字訣，即「揚得充分，抖得乾脆」，一次性將床單鋪於床上，床面平挺，四周均勻。

（2）包角時應拉緊包嚴，包直角或是斜角應按飯店規定，但無論何種包角應注意方位、角度統一。

（3）單人床枕套開口朝向床頭櫃開口方向，雙人床放兩對枕頭時枕套開口互對。

（4）以單人床為例，如毛毯的長度多於230cm時，鋪第二條床單可以不齊床頭，而多出床頭5～10cm，但應注意床尾床單能包住床墊，然後鋪毛毯時可將毛毯齊床頭，再將第二條床單多出床頭部分反折包住毛毯，然後連同毛毯再反折30cm，此時的被頭挺括美觀、不鬆垮，床尾部毛毯又不致因餘出過多而使操作變得麻煩。

（5）鋪床時應注意掌握速度，鋪一張單人床不應超過2分30秒。

3.鋪床方法的改進

考慮到前述鋪床的原則，部分飯店已對現有之西式鋪床作如下改進：

（1）直接改西式為中式。即鋪好第一條床單（墊單）之後，不再使用第二條床單，而以套好被罩的絲棉被或中空棉被取代毛毯，被子長度應超出床墊長度 20～30cm，寬度多出20～40cm，這種方法不僅使鋪床速度加快，而且可使客人入睡時免去「連拉帶拽，連蹬帶踹」之苦。另外，在徵得客人同意的情況下，對墊單和被罩採用一客一洗的做法，符合當今綠色飯店的要求。

（2）對於飯店現有毛毯未到淘汰年限的情況，可以採取在鋪上毛毯後床兩側自然下垂，床尾毛毯和第二條床單齊床尾向上反折的做法，同樣整齊美觀，方便客人就寢。當然這對床單和毛毯的尺寸有一定的要求，即不能出現第二條床單和毛毯拖地的現象，以距地面10cm左右為宜。

（四）擦洗浴室的程序

（1）刷洗煙缸、漱口杯（漱口杯也可調換）。

（2）將清潔劑環形倒入馬桶先浸泡。

（3）清洗浴缸。先將浴缸的活塞關閉，放一些熱水和清潔劑在裡面；然後用浴缸刷從上到下，從裡到外，把浴缸周圍伸手可觸及的牆壁、皂托、金屬巾架、浴簾桿、浴缸內外刷洗一遍；將浴簾放入浴缸清洗；將活塞打開，用淋浴噴頭放水沖洗；用抹布擦乾並擦亮所有的金屬鍍件；將浴簾擦乾並將其下擺放入浴缸內。

（4）刷洗馬桶。用馬桶刷刷洗馬桶蓋、墊圈、內壁及下水口；放水沖洗，注意用馬桶刷攪動；用抹布將馬桶上的水箱、馬桶蓋、墊圈、馬桶外側及底座徹底擦乾，擦亮電鍍沖水柄，待補充浴室用品時將「已消毒」封條壓在墊圈下。

（5）清洗面臺。清潔面鏡，可用浴室內廢棄的捲筒紙將面鏡上的水跡、皂跡擦乾淨，並隨手檢查面鏡上方的照明燈；清潔面盆、臺面，先用清潔劑擦洗面盆及金屬鍍件，然後放水沖洗，用抹布將面臺上、面盆內的水跡擦乾。

（6）清潔浴室地面。用擦地面的那一塊抹布按從裡到外的順序將地面擦乾；地漏處尤要仔細擦淨，擦至門口時要先轉身將房門和門上的掛衣鉤擦乾淨（可用擦浴缸那塊抹布），然後再擦門口的地面。另外，還須擦亮金屬鍍件和毛巾架，補充浴室客用品；環視整個浴室，帶好清潔桶及工具，關燈，將浴室門虛掩。整個浴室的清潔應達到無水跡、無皂跡、無塵跡、無異味、無毛髮的標準。

（五）住客房做夜床服務程序

（1）按進房程序入房，如客人在房內，必須徵得客人同意後方可入房。

（2）補充飲用水，調換用過的茶具，如房內備有冰箱，應補充冰塊。

（3）清點小酒吧內耗用的酒水，及時報帳，並補充酒水。

（4）清倒垃圾和煙缸，並注意垃圾內有無貴重物品及未熄滅的煙頭。

（5）將散放在床上的客衣放整齊，如衣櫥內配有浴袍，應將浴袍取出攤放在床尾，在有床頭櫃的一側或沙發前放好拖鞋。

（6）清潔房內家具，用抹布擦去浮灰和汙漬，並使散亂的家具復位。

（7）檢查和調好電視機頻道。

（8）按房內住客人數開夜床。其步驟為：掀開床罩，折好，放在規定的位置；將毛毯連同第二條床單的一角折向床墊中央，成45度角或斜拉成30度角；開床時，如房內只有 1 張床，住 1 位客人，則開靠床頭櫃一側。在毛毯折角上放晚安卡或早餐牌；如是VIP客人的房間，還應放鮮花、水果等。

（9）更換浴室內客人用過的布巾，清潔客人用過的浴缸，並把腳墊巾鋪在靠浴缸的地面上。

（10）把臺面上的客用物品擺放整齊。

（11）將浴簾拉至浴缸的一半，下擺放入浴缸內，並把腳墊巾鋪在靠浴缸的地面上。

（12）用抹布擦淨地面。

（13）將浴室門虛掩。

（14）拉上房內厚窗簾，開啟床頭燈和通道燈，為客人創造一個溫馨舒適的入睡環境。

（15）環視房間，然後退出房間將門輕輕關上並擦亮門把手。

（16）填寫工作報表（見表4-1），如有損壞設備應即刻填寫保修單通知維修部門。

（六）空房的整理程序

空房是即將出租的房間。為了保證房間的衛生質量，空房也應適當整理，其程序如下：

（1）進房後首先檢查房內所有電器設備，確保其運轉良好。

（2）用乾淨抹布擦拭家具上的浮灰，並檢查家具的牢固程度。

（3）在客人即將入住前應檢查房內開水的熱度，冰箱內冰塊的數量和質量。

（4）應每天對浴室內的水龍頭試放水，以免時間過久水質渾濁。

三、客房週期清潔的意義及內容

（一）客房週期清潔的意義

客房服務每天的整理清掃工作，一般工作量都比較大。例如，一個客房清掃員的工作量，每天平均為12間左右，甚至更多，所以不可能對他所負責的房間或區域的每一個角落每一個部位進行徹底的清潔保養。另一方面，不論是樓層還是公共區域，有些家具、設備不需要每天都進行清掃整理，但必須定期進行清理。

客房週期清潔就是在做好日常清潔工作的基礎上，定期對清潔衛生的死角或容易忽視的部位，以及家具設備進行徹底的清掃整理和維護保養，其最主要的意義即在於不增加服務員日常勞動強度的情況下，同樣能完全保證客房的衛生質量，保證飯店內外的清潔和家具設備的良好狀態。

（二）客房週期清潔的內容

1.地板打蠟

選擇在天氣乾燥晴朗時，搬動家具，捲起地毯，按砂擦、除塵、上蠟和磨光的程序，對整個地面進行打蠟。

2.地毯吸塵

對整個地面的地毯進行吸塵，包括日常打掃不能接觸之處，如床和家具下面、房間四角等。

3.擦窗

要採用粉擦、水擦、乾擦等各種方法，擦拭整個玻璃窗面、窗框，並用銅油擦淨銅製的窗把。

4.家具除塵

客房內某些家具物品，如床的軟墊、厚窗簾、軟坐椅及沙發等都要定期吸塵，還要擦抹家具四周底部及背後等部位，以保持其清潔。

5.清掃牆面

包括天花板以及出風口，地面衛生潔具上的金屬零部件須定期重點擦洗，馬桶用消毒水進行重點消毒。

四、客房衛生檢查制度與標準

客房清潔整理標準的制定，使客房的清掃工作有了明確的標準和規範。但這些標準和規範是否得到執行，是否奏效，加之中國一些飯店客房部職工的總體素質水準不是很高，這就要求客房部的管理人員必須抽出2/3以上的時間深入現場，加強督促檢查。這是客房衛生質量控制的關鍵所在。

（一）客房衛生的逐級檢查制度

檢查客房又稱查房。客房的逐級檢查制度主要是指對客房的清潔衛生質量檢查實行領班、主管及部門經理三級責任制，也包括服務員的自查和上級的抽查。由於員工的檢查方法和標準會有差異，採用逐級檢查制度是確保客房清潔質量的有效方法。

1.服務員自查

服務員每整理完一間客房，就應對客房的清潔衛生狀況、物品的擺放和設備家具是否需要維修等作自我檢查。服務員自查應在客房清掃程序中加以規定。它的好處有：

（1）加強員工的責任心；（2）提高客房的合格率；（3）減輕領班查房的工作量；（4）增進工作環境的和諧與協調。

2.領班查房

通常，一個早班領班要帶6～10名服務員，負責60～80間客房的區域，要對每間客房都進行檢查並保證質量合格。鑒於領班的工作量較重，也有些飯店只要求對走客房、空房及貴賓房進行普查，而對住客房實施抽查。總之，領班是繼服務員自查之後的第一道關，往往也是最後一道關。因為他們認為合格的就能報櫃臺出租給客人，所以這道關責任重大，需要由訓練有素的員工來充任。

領班查房的作用有：

（1）拾遺補漏：由於繁忙、疲憊等許多原因，再勤勉的服務員也難免會有疏漏之處，而領班的查房猶如加上雙保險。

（2）幫助指導：對於業務尚不熟練的服務員來說，領班的檢查是一種幫助和指導。只要領班的工作方法得當，這種檢查可以成為一種崗位培訓。

（3）督促考察：領班的檢查記錄是對服務員考核評估的一項憑據，也是篩選合格服務員的一種方法和手段。需要強調的是：領班查到問題並通知員工後，一定要請員工匯報補課情況並予複查。

（4）控制調節：領班透過普查可以更多瞭解到基層的情況並回饋到上面去，反之，管理者又透過領班的普查來實現其多方位的控制和調節。領班檢查工作的標準和要求是上級管理意圖的表現。

3.主管抽查

為了實現對領班的管理和便於日常工作的分配調節，許多飯店都設置了主管職位。查房制度應保證主管抽查客房的最低數量，通常它是領班查房數的10%以上。此外，主管還必須仔細檢查所有的貴賓房和抽查住客房。主管的抽查也很重要，它是建立一支合格的領班隊伍的手段之一，同時，它可以為管理工作的調整和改進、實施員工的培訓計劃和人事調動等提供比較有價值的資訊。

4.經理查房

這是瞭解工作現狀、控制服務質量最為可靠有效的方法。對於客房部經理來說，透過查房可以加強與基層員工的聯繫並更多地瞭解客人的意見，這對於改善管理和服務非常有益。

客房部經理還應在每年至少兩次對客房家具設備狀況加以檢查。在美國舊金山的凱悅攝政飯店，其總經理彼得· 戈德曼每週要會同其客房部經理、房屋總監和總工程師抽查20間客房，這一工作每次至少花兩個小時。這樣，發現問題可及時得到解決，而且還有利於制訂或改進有關清潔保養、更新改造的工作計劃。因為經理人員的查房要求比較高，所以被象徵性地稱為「白手套」式檢查。這種檢查一般都是定期進行的。

（二）客房衛生檢查的內容與標準

客房衛生檢查的內容一般包括四個方面：清潔衛生質量、物品擺放、設備狀況和整體效果。查房的項目和標準如下：

1.房間

◆房門：無指印、劃痕，鎖完好，安全指示圖、請勿打擾牌、餐牌完好齊全，安全鏈、窺視鏡、把手清潔完好。

◆牆面和天花板：無裂縫、漏水或小水泡，無蛛網、斑跡，無油漆脫落和壁紙起翹等。

◆護牆板、地腳線：清潔完好。

◆地毯：吸塵乾淨，無斑跡、煙痕。如需要，作洗滌、修補或更換標記。

◆床：鋪法規範，床罩乾淨，床下無垃圾，床墊按期翻面，床單更換，位置端正，無破損、毛髮。

◆硬家具：乾淨明亮，無刮傷痕跡、木刺，堅固無鬆動，位置正確。

◆軟家具：無塵無跡，如需要則作修補、洗滌標記。

◆抽屜：乾淨，無汙跡，推拉靈活自如，把手完好無損。

◆電話機：無塵，無跡，批示牌清晰完好，話筒無異味、功能正常，電話線整齊有序。

◆鏡子與掛畫：框架無塵，鏡面明亮，位置端正。

◆燈具：燈泡、燈罩清潔無塵，功率正確，開關使用正常。

◆垃圾桶：狀態完好清潔，罩有塑膠袋。

◆電視機與音響：接收正常，清潔無跡，位置正確，頻道設在播出時間最長一檔，音量調到偏低。

◆壁櫃：衣架品種、數量正確且乾淨，門、櫥底、櫥壁和格架清潔完好，櫃內自動開關燈正常。

◆窗簾：乾淨完好無破損，位置正確，操作自如，掛鉤無脫落。

◆玻璃窗：清潔明亮，窗臺與窗框乾淨完好，開啟輕鬆自如。

◆空調：濾網清潔，工作正常，溫控符合要求。

◆小酒吧：清潔無異味，物品齊全，溫度開在低檔。

◆客用品：數量、品種正確，無塗抹、折疊，狀態完好。

2.浴室

◆門：正反面乾淨無劃痕，把手潔亮，狀態完好。

◆牆面：清潔完好，無鬆動、破損。

◆鏡子：無破裂和水銀發花，鏡面乾淨無跡。

◆天花板：無塵無跡，無水漏或小水泡，完好無損。

◆地面：清潔無跡、無水、無毛髮，接縫處完好無鬆動。

◆浴缸：內外清潔，鍍鉻件乾淨明亮，皂盤乾淨，浴缸塞、淋浴器、排水閥和水龍頭等清潔完好、無滴漏，接縫乾淨，無霉斑，浴簾乾淨完好，浴簾扣齊全，晾衣繩使用自如，冷熱水水壓正常。

◆臉盆及梳妝臺：乾淨，鍍鉻件明亮，水閥使用正常，無水跡、毛髮，燈具完好。

◆馬桶：裡外均清潔，使用狀態良好，無損壞，沖水流暢，開、關自如。

◆抽風機：清潔，運轉正常，噪音低，室內無異味。

◆客用品：品種、數量齊全，狀態完好，擺放符合規範。

3.樓面走廊

◆地毯：吸塵乾淨，無斑跡、煙痕、破損，地毯接縫處平整。

◆牆面：乾淨無破損。

◆照明及指示燈：使用正常，無塵無跡。

◆空調出風口：清潔無積灰。

◆落地煙缸：位置擺放正確，清潔無跡。

◆消防器材：消防器材、安全指示燈正常完好，安全門開閉自如。

各個飯店由於設施設備條件不一，檢查標準和項目會略有差異。隨著飯店業的發展，檢查表的內容會更豐富。不過，對於業務熟練的管理人員來講，在檢查過程中做些記錄或許更省事和有效。

案例

規範並非一成不變——塵埃與黃斑的啟示

北方某大酒店的客房部王經理辦公室裡，一位南方客人反映他下榻的 818 房間，客房服務員經常打掃馬虎，寫字桌、茶几等家具上常有一層薄的塵埃，洗手間馬桶內還有一圈微黃的斑跡。而八樓的幾位服務員個個經驗豐富，責任心也很強，這究竟是怎麼回事？

午後，王經理到八樓看了幾個房間，發現客人所說基本屬實，連地板上都隱約可見一層塵土。第二天上午，當班服務員小楊開始每天常規的清潔工作時，王經理來到了現場。小楊的操作滴水不漏，絲毫沒有偏離規程。王經理懷著極大的疑惑回到辦公室，視線正好落在一份清洗液的說明書上。這是一種新牌子的清洗液。

這種新的清洗液去斑能力特強，且對潔具表面無損，唯一的條件是噴上後必須過10分鐘後方可擦洗，否則效力將大打折扣。而小楊他們還是按老的規程，噴上清洗液後 1 分鐘就對其擦洗。馬桶黃斑問題真相大白。飯店對面是一個工地，空中瀰漫著淡黃褐色的灰土。客房灰塵問題也真相大白。

為此，在王經理的召集下，對原有的操作程序進行了調整。進客房打掃時，首先在馬桶內噴清洗液，然後整理床鋪、做別的工作，之後再去打掃浴室，黃斑問題就可以解決。最後再去房間抹塵，此時空中的塵土差不多已經全部掉落下來了。

新的方案試行後，效果很好。

第三節 公共區域的清潔保養

飯店是一個濃縮了的小社會。一家飯店往往是其所在地的一個社交中心。除了住店客人以外，來飯店用餐、開會、購物、參觀遊覽的人也為數不少，這些人同樣是飯店的客人。他們進到飯店後往往只停留於公共活動區域，因此，公共區域的清潔衛生理所當然地成為這部分客人評判飯店的重要標準。由此可見，做好公共區域的清潔保養工作同樣是非常重要的。

在現代飯店內，客房部不僅承擔了客房的清潔衛生工作，而且還承擔整個飯店的全部清潔衛生工作。這樣組織的好處在於能統一調配清潔衛生工作的人力、物力，使清掃工作專業化，提高勞動效率和質量。

一、公共區域的日常清掃

（一）公共區域清潔保養的特點

凡是飯店內公眾共同享有的活動區域都可以稱之為公共區域。通常人們將飯店的公共區域範圍劃分為室內與室外。室內公共區域又劃成前臺區域和後臺區域兩部分。室外公共區域是指飯店外圍區域，它包括飯店外牆、花園、前後大門等。室內公共區域的前臺部分通常指專供賓客活動的場所，如大廳、休息室、康樂中心、餐廳（不包括廚房）、舞廳、公共洗手間等。室內公共區域後臺部分通常指為飯店員工設計的生活區域，如員工休息室、員工更衣室、員工餐廳、員工娛樂室、員工公寓等。公共區域清潔保養的特點是：

首先，由於公共區域所涉及的範圍相當廣，因此，其清潔衛生的優劣對飯店影響非常大。

其次，公共區域的客流量非常大，人員複雜，對衛生質量的評價標準不一。這就給公共區域的清掃帶來困難。同時，由於客人在此活動頻繁，環境在不斷變化，同樣給清掃工作帶來諸多不便。

最後，公共區域的清潔工作繁瑣複雜，工作時間不固定，服務員分散，因此，造成其清潔衛生質量不易控制。這就要求公共區域服務員在日常工作中必須具有強烈的責任心，積極主動，適時地把工作做好，再加上管理人員不停地巡視和督促，做好公共區域的清潔工作並非難事。

（二）公共區域清潔保養的內容

1.大廳清掃工作

大廳清掃工作的一般原則是：以夜間為基礎，徹底對其進行清潔，白天進行維護和保持。

（1）大廳地面清潔

每天晚上應對大廳地面進行徹底清掃或拋光，並按計劃定期打蠟。打蠟時應注意分區進行，操作時，打蠟區域應有標示牌，以防客人滑倒。

白天用油拖把進行循環迂迴拖擦，維護地面清潔，保持光亮。拖擦地面時應按一定的路線進行，不得遺漏。每到一個方向的盡頭時，應將附著在拖把上的灰塵抖乾淨再繼續拖擦。

操作過程中應根據實際情況，適當避開客人或客人聚集區，待客人散開後，再進行補拖。遇到客人要主動問好。

客人進出頻繁的門口、梯口等容易髒汙的地面要重點拖，並適時地增加拖擦次數，確保整個地面的清潔。

遇有雨天氣，要在大廳入口處放置腳踏墊，樹立防滑告示牌，並注意增加拖擦次數，以防客人滑倒和影響飯店形象。應視情況更換腳踏墊。

如在拖擦過程中遇有紙屑雜物，應將其堆在角落集中，然後用清掃工具將其收集起來妥當處理。

（2）飯店門庭清潔

夜間對飯店大門口庭院進行清掃沖洗，遇有雨雪天氣，應適時增加沖洗次數。

夜間對停車場或地下停車場進行徹底清掃，對油跡、汙漬應及時清潔，並注意定期重新劃清停車線及檢查路標的清潔狀況。

夜間對門口之標牌、牆面、門窗及臺階進行全面清潔、擦洗，始終以光潔明亮的面貌迎接客人。

白天對玻璃門窗的浮灰、指印和汙漬進行抹擦，尤其是大門玻璃的清潔應經常進行。

（3）大廳扶梯、電梯清潔

夜間對大廳內扶梯和電梯進行徹底清潔。如有觀景電梯則應特別注意其玻璃梯廂的清潔，確保光亮，無指印、汙跡。

夜間應注意更換電梯內的迎賓地毯，並對地毯或梯內地面進行徹底清潔。

擦亮扶梯扶手、擋桿玻璃護擋，使其無塵、無手指印，如不是自動扶梯，還應對樓梯臺階上的地毯銅條進行擦抹，並使用銅油將其擦亮。

夜間對電梯進行清潔和保養，白天則對其進行清潔維護，保持乾淨整潔。

（4）大廳家具清潔

夜間對大廳內所有家具、臺面、煙具、燈具、標牌等進行清潔打掃，使之無塵、無汙漬、保持光亮，並對公用電話進行消毒、擦淨，使之無異味。

白天對家具等進行循環擦抹，確保乾淨無灰塵。

及時傾倒並擦淨立式煙筒，煙缸內的煙蒂不得超過3個，如更換客用茶几上的煙缸時，應先將乾淨的煙缸蓋在髒的上面一起撤下，然後換上乾淨煙缸。

隨時注意茶几、地面上的紙屑雜物，一經發現，應及時清理。

2.公共浴室清掃工作

按順序擦淨面盆、水龍頭、臺面、鏡面，並擦亮所有金屬鍍件。用清潔劑清潔馬桶及便池。

擦坐廁內的門、窗、隔檔及瓷磚牆面。

拖淨地面，保持無水漬、無髒印。

噴灑適量空氣清新劑，保持室內空氣清新，無異味。

洗手臺上擺放鮮花。

按要求配備好捲筒紙、衛生袋、香皂、擦手紙、衣刷等用品。

檢查皂液器、自動烘手器等設備的完好狀況。

3.其他區域清潔衛生工作

夜間對公共區域的走廊、通道、樓梯、天棚進行全面清掃。

白天對上述區域定時清掃，保持乾淨整潔。

定時疏通沖洗下水道，確保其暢通。

對員工公寓、員工娛樂室進行定期清掃，為全店員工創造良好的生活環境。

4.綠化布置及清掃

（1）綠化布置程序

按照規劃對客人進出場所的綠化花草進行布置和安排擺放位置。

根據規定的調換時間，定期調換各種花卉盆景，給客人一種時看時新的感覺。

重大任務前，如接待貴賓或舉行聖誕晚會，則要根據飯店的通知進行重點綠化布置。

接到貴賓入住通知單，應根據客人等級和布置要求，準備好擺放鮮花，按房號送至樓面交服務員，切記客人所忌諱的花卉。

（2）綠化清潔養護程序

每天從指定的地點開始按順序檢查、清潔、養護全部花卉盆景。

揀去花盆內的煙蒂雜物，擦淨葉面枝桿上的浮灰，保持葉色翠綠、花卉鮮艷。

對噴水池內的假山、花草進行清潔養護，對池內水中的雜物要及時清除並定期換水。

發現花草有枯萎現象，應及時剪除、調換，並修理整齊。

定時給花卉盆景澆水，操作時濺出的水滴及弄髒的地面應用隨身攜帶的抹布擦乾淨。

對庭院內的樹木花草，應定期進行修剪整理和噴藥打蟲，花卉盆景應按時調換。

養護和清潔綠化區時，應注意不影響客人的正常活動。遇到客人禮貌問好。

5.公共區域銅器上光

準備好兩塊乾淨的軟抹布及適量銅油。先用一塊抹布抹去銅器上的灰塵和手印，將銅油滴在另外一塊抹布上，用蘸有銅油的抹布輕輕地在銅器上反覆擦拭，擦到又黃又光亮即可。

（三）公共區域衛生質量的控制

1.制定清潔保養制度及標準

根據公共區域清潔衛生繁雜瑣碎、人員變動大的特點，必須制定清潔保養制度及標準，以保證公共區域清潔衛生質量的穩定性。公共區域的清潔保養制度和標準一般包括日常的清潔保養制度和分期清潔保養計劃。

（1）日常清潔保養制度

根據各區域的活動特點和保潔要求，列出所有責任區域的日常清潔基本標準，以便進行工作安排和檢查對照。

（2）分期清潔保養計劃

分期清潔保養計劃類似於客房的計劃衛生，但公共區域範圍廣，各處的使用情況和環境要求也不一樣，所以分期清潔保養計劃應以片、區分列為宜。

2.公共區域衛生質量控制

（1）分配責任區域，責任落實到人

為了保證清潔保養計劃的實施和便於檢查效果，應將各項工作落實到早、中、晚三個班，再根據工作量的大小確定各班次所需要的服務員人數，最後還要分配責任區域，責任落實到人。通常，早、中班各責任區服務員應根據客房部制定的工作流程和時間分配表進行工作，而夜班則只需列出其工作內容即可。

（2）加強巡視檢查，保證質量

公共區域管理人員要加強巡視檢查，同時要制定衛生檢查標準和檢查制度，以及製作相應的記錄表格。客房部的管理人員也要對公共區域的清潔衛生進行不定期或定期的檢查和抽查，才能保證公共衛生的質量。

公共區域管理人員的清潔衛生檢查，白天應以檢查清潔衛生質量、瞭解員工的工作狀態和操作細節，包括是否正確使用清潔劑和清潔工具為重點；晚上則以督促工作為重點，因為在晚間燈光下，地面、玻璃及門柱等處是否光潔，是無法一目瞭然的。

二、地面構造常識及其清潔保養方法

（一）地板構造成分及其清潔保養

1.樹脂地板（RESILIENT FLOOR）

（1）成分

一般來説，所有膠地板均由纖維（石棉）、礦物顏料、填充物及黏合物所構成。例如：瀝青地板，其混合填塞物是瀝青、亞麻仁板（亞麻仁油）。深色的土瀝青板的黏合物是瀝青，而淺色的則為樹脂（沒有瀝青的土瀝青板），所有材料混合後會被壓成大的薄塊，然後切成小塊。樹脂地板在清潔保養工作中應注意以下各點：

（2）注意點

①避免用油類及有溶解力的溶劑來清洗，因為潤滑油、礦物油、植物油、機油、電油、柴油、松節油、揮發油及溶劑等會溶解瀝青或樹脂面，令地板褪色或損壞（軟化）。

②避免用過量水（尤其是熱水）來清潔，因為熱水過多會使水分滲入。

③過強鹼性的清潔劑會令地板易褪色或硬化破裂，應避免使用。

④此類地板不適用於溫度太高或溫度太低的液體，因為土瀝青板在高溫下會發生軟化（熔化），而在溫度太低環境下又會硬化、易碎。

⑤太重物體的壓迫或太大壓力的作用會令地板收縮或凹下，而永難復原。故當每平方寸壓力太大時，要使用保護物分散壓力。

（3）保護物

液體或膏狀保護物。

（4）保養指南

①基本處理

徹底清潔，用洗地機及適當起漬起蠟水洗擦，過水，然後用吸水機吸乾地面。

處理辦法A：在已乾透清潔的地板上，用蠟拖落兩層封蠟，然後再加兩層面蠟。

處理辦法B：在已乾透清潔的地板上，用蠟拖落兩層封蠟，然後再用噴磨方法加兩層面蠟。

②平常保養

保養方法A：用定期起蠟及落蠟的方法

保養方法B：用定期噴磨的方法

2.非樹脂地板（NON-RESILIENT FLOOR）

（1）成分

非樹脂地板種類較多，結構各有不同，但大部分非樹脂地板可以用封蠟封蓋表面而令其易於保養。在眾多非樹脂地板中，以混凝土、雲石、瓷磚地板、木板地在酒店中應用最為普遍。

（2）注意點

①避免使用無抑制酸性清潔液或鹼性過高的清潔劑。

②避免使粗糙的物體或清潔劑摩擦表面。

③避免起塵砂。混凝土及人造雲石年久會起砂粉，應及早用封蠟（CONCRETE SEAL）封於表面，以避免砂塵的形成。

④避免使用粉狀清潔劑。通常粉狀清潔劑效能較低，且在乾透後會形成晶體而造成地面被迫爆裂。

（二）不同材質地面的清潔保養

1.混凝土地（CONCRETE FLOOR）

（1）注意點

①所有混凝土地面均為鹼性，故在任何清潔處理之前，應先使其中和（用清水平和其成分）。

②混凝土地面一段時間後都會現出粉狀物，為使地面堅固不泛塵，地面應以封蠟處理（應小心選擇，因為市場上有多種不同的封蠟）。

③避免使用無抑制酸性清潔劑，此類清潔劑會令地面粗糙，使地面失去應有的韌性及起裂縫，甚至令地面變黑。

（2）保護物

三合土封蠟、氯化橡膠或聚酯類保護物、液體或膏狀蠟。

（3）清潔方法

用洗地機及適當分量的鹼性清潔劑洗刷地面，過清水，然後用吸水機吸乾水分。

處理方法A：定期使用洗地機及適當清潔劑洗刷地面，過清水，然後用吸水機吸乾水分。

處理方法B：在已清潔乾爽的地面上，用蠟拖落兩層三合土封蠟，再在上面加兩層面蠟。

（4）日常保養

每天掃地及拖地兩次。

2.木板、水松木（WOOD FLOOR、CORK FLOOR）

（1）成分

工業上應用的木板地通常用軟性或硬性的不同厚度與闊度的木板所砌成。水松木板則多採用已壓成塊狀的、方塊的木板。直接以灰泥將之砌在三合土地臺上，濕度的過分轉變會使地面歪曲。

（2）注意點

①避免濕水。未封或堆砌不好的地臺，遇水會發生變形或鬆脫的現象。

②避免翻刨。因為這樣會使木板變薄而不合建築規格。

（3）保護物

木板封蠟、膏狀物、蠟水（只適用於已封蠟地面）。

（4）清潔方法

用擦地機及溶劑清潔劑清洗地面，風乾。

處理方法A：在已清潔乾爽的地面上，用打蠟機落一層膏狀蠟，再加一層液體蠟。

處理方法B：若地面曾經使用封蠟，則要將封蠟清除，另加上新的封蠟，再在上面加兩層液體蠟。

（5）日常保養

採用定期噴磨方法。

3.雲石（大理石）（MARBLE FLOOR）

（1）成分

雲石又稱大理石，其實是碳酸鈣的晶體，用來造碑的雲石亦含有碳酸鎂。雲石漂亮的光亮色澤由石內的雜質所造成。不同的雲石，其密度及韌性亦有很大分別，但因其主要成分相同，故保養方法均一樣。

（2）注意點

①避免使用任何酸性清潔劑，因其會與碳酸鈣發生化學反應而使雲石失去韌性及腐蝕雲石表層。

②避免使用粗糙的東西摩擦，因為這樣會造成雲石表面永久性磨損。

③避免使用砂粉或粉狀清潔劑，因為此類清潔劑乾後會形成晶體存留在雲石表層的空洞內，易造成雲石表面被迫爆裂。

（3）保護物

封蠟、樹脂液體蠟或氯化樹膠封於表面。

（4）一般瓦、磚地板清潔方法

用洗地機及適當清潔劑洗擦地面，過清水，然後用吸水機吸乾水分。

處理方法A：在已清潔的地面上，用蠟拖落兩層封蠟，然後再加兩層面蠟。

處理方法B：在已清潔的地面上，用蠟拖落兩層封蠟，然後用噴磨方法再加兩層面蠟。

（5）平常保養

①用定期起蠟落蠟方法。

②用定期噴磨方法。

（三）地板清潔程序及技巧

一般清潔地板的程序如下：

掃地→推塵→濕拖→噴磨→除塵→上蠟

1.掃地

（1）器具

掃把、垃圾鏟或機械掃地機（適用於大面積的地方）。

（2）操作方法

①用平排方式將掃把向前推。

②用垃圾鏟將垃圾剷起。

③如果用手推掃地機或機械掃地機，則以來回運行操作作為原則。

2.推塵

（1）材料及器具

靜電（吸塵）劑，塵拖。

（2）操作方法

①將塵拖放在地上，以直線方向呈阿拉伯橫「8」字形推塵，塵拖不可離地。

②當塵拖沾滿灰塵時，應用刷子在垃圾桶上將塵拖刷乾淨，再用以繼續推塵，直至地面清潔。

③若塵拖失去黏塵能力，需用靜電劑處理過後再用。

④塵拖久用必髒，需及時送到洗衣房去清洗乾淨。

3.濕拖（水濕）

（1）材料及器具

地拖（8～16oz或　16～24oz）、地拖壓乾機及水桶、油灰鏟、適當清潔劑（鹼性）、細鋼絲球或百潔布。

（2）操作方法

①將要濕拖的地方先掃乾淨（用掃把及塵拖）。

②依照指示將清潔劑適量配入水桶中。

③將地拖浸入水桶中，然後用橫式的「8」字形拖地。

④將濕拖把置於壓乾機內壓乾水分。

⑤用乾拖把（壓乾水分）將地面多餘水分拖乾。

⑥用細鋼絲球或百潔布洗擦難去除的頑劣汙漬。

⑦重複將地拖浸於水桶中，然後再拖地，直至將全部所需面積清潔乾淨。

⑧用乾淨地拖及清水依上述方法過一次水。

⑨用油灰剷除掉口香糖、油漆等剩餘之頑漬。

（3）注意點

①不要讓太多的水分滯留地面，更不要讓清潔劑留在地面上時間太久。

②過清水的地拖及落清潔劑的地拖要分開使用。

③注意更換清水。

④注意清理乾淨殘留在牆角的清潔液。

4.濕拖（第二種方法）

（1）材料及器具

地拖（8～16oz或 16～24oz）、適當清潔劑（鹼性）、地拖壓乾機及水桶。

（2）操作方法

①將要濕拖的地方先掃乾淨（用掃把及塵拖）。

②依照指示將清潔劑適量配入水桶中。

③將地拖浸入水桶中，然後放入地拖壓乾機內壓除多餘水分，以拖把拿出不滴水為合適。

④用阿拉伯數字橫「8」字形方法拖地，每次拖擦面積約為 1.2m×4.6m，然後將地拖浸濕、壓乾。

⑤重複上述步驟，直至地面全部清潔。

⑥注意更換水桶內的清潔劑，因為拖洗一段時間後，清潔劑會變汙及失去應有之清潔效力。

5.機械起漬或起蠟

（1）材料及器具

①自動洗地機（大面積地方，如車場、機場、大廳等）。

②吸水機。

③油灰鏟。

④帶水箱的洗地機。

⑤洗地擦（刷）或尼龍墊（黑色或咖啡色）。

⑥地拖、壓乾機、水桶（如有需要）。

⑦適當清潔劑。

（2）操作方法

①用塵拖拖塵。

②依照說明指示將適當分量的起蠟水倒進水桶內與清水混合（通常比例為1:4）。

③將桶內除蠟混合液注入擦地機水箱中。

④開動洗地機，同時將水箱內的除蠟水注於地面上，洗擦整個地面。

⑤3～5分鐘後，再用擦地機重新洗刷一次。這一次不用再放蠟水。

⑥用吸水機吸乾地面上的水分。

⑦用擦地機及清水再洗刷一次地面。

⑧再次用吸水機吸乾地面水分。

⑨風乾地面。

6.上蠟一般程序

（1）材料及器具

①聚酯類蠟水或液體蠟。

②清潔地拖（24oz，適用於小面積場地）。

③清潔蠟拖（適用於大面積場地）。

④清潔的地拖、壓乾機及水桶。

⑤塵推。

（2）操作方法

①用塵推拖地。

②在大面積場地，將蠟水注入蠟拖內，壓一壓多餘部分蠟液，然後用直線方法將蠟落於地面。

③在小面積場地，將蠟水注入清潔的水桶內，將清潔地拖浸入蠟水內，放到壓乾器上壓至地拖不滴水為合適。

④用阿拉伯數字橫「8」字形方法將蠟落於地面上。

⑤待蠟面完全乾後（約30分鐘），再重複上述方法。

（3）注意點

①蠟水落下之前，一定要確保地面是清潔的。

②要待第一層蠟完全乾後方可落第二層蠟。

③若用不同的蠟水，則要分別使用蠟拖。

7.噴磨方法

（1）材料及器具

①高速打蠟機（適用於膠地板及滑面非樹脂地板）。

②打蠟機（適用於木板或水松木地板）。

③尼龍墊（紅、白或藍色）。

④噴壺。

⑤蠟水。

⑥塵推。

（2）操作方法

①將要噴磨的地方用塵推拖乾淨。

②將蠟水注入噴壺內。

③將蠟水均勻地噴於地面。

④用打蠟機打磨（要在蠟水未乾前打磨）。

⑤繼續打磨直至地面光亮。

⑥打磨若干面積後，尼龍墊會變髒，影響效果，此時需要更換新的尼龍墊。

⑦使用變髒的尼龍墊，應用清水浸洗乾淨，並風乾保存好，留待下次再繼續使用。

（3）注意點

噴磨時，一次面積不宜過大，而宜將大面積的地方分為多個小面積的地段，逐個逐個的將之打磨好。

8.落膏狀蠟方法

（1）材料及器具

①打蠟機。

②鋼絲墊（2號或3號）。

③墊阻。

④膏狀蠟。

⑤塵推。

⑥1×12木枝。

（2）操作方法

①用塵推拖塵，將地面清理乾淨。

②將3號鋼絲墊放在墊阻上，再駁接於打蠟機上。

③用木枝將蠟膏塗在鋼絲面墊上。

④用圓形旋轉動作開動、操縱打蠟機。

⑤當鋼絲墊集聚汙蠟時，需換上新的鋼絲面墊。

⑥重複上述過程，直至全部面積清潔。

⑦換上2號鋼絲墊，然後打磨地面。

⑧在地面打磨光亮後，用塵推將地面拖乾淨。

（四）地板保養方法

1.定期起蠟落蠟方法（適用於膠地板及大部分滑面非樹脂地面）

序	項目	次數	每年次數*
1	拖塵	每日一次	296
2	濕拖	每週一次	48
3	區域噴磨	每週二次	100
4	濕拖	每月一次	12
5	起蠟	每年一次	
6	區域落蠟	每月一次	
7	起底蠟	每年一次	
8	落蠟	每年兩次	

*工作次數視地方工作日而定。

2.定期噴磨方法（適用於膠地板及大部分滑面非樹脂地面）

序	項目	次數	每年次數
1	拖塵	每天一次	296
2	噴磨：區域噴磨 全面噴磨	每週一次 每年兩次	48
3	起蠟落蠟	視情況需要	2

3.傳統落膏狀蠟方法（適用於未封的木地板、水松木地板）

序	項目	次數	每年次數
1	拖塵	每天一次	296
2	起蠟	每年四次	4
3	落蠟	每年四次	4

4.噴磨落液體蠟方法（適用於已封或未封的木地板、水松木地板）

序	項　　目	次　　數	每年次數
1	拖塵	每天一次	296
2	噴磨：區域噴磨	每週兩次	100
	全面噴磨	每年兩次	2

5.定期性洗刷方法（適用於大部分粗面非樹脂地面及天然石地面）

序	項　　目	次　　數	每年次數
1	掃塵或吸塵	每天一次	296
2	洗刷地面	視需要	

＊工作次數視地方工作日而定。

6.維護一般地面所遇到的問題

地面的維護過程中會遇到許多問題，如：

（1）髒而失去光澤的地面，是由於灰塵形成黏性油膜所至，它是由油拖布、掃帚或清潔過程中的混合物造成的。

（2）條紋——主要是使用髒拖布拖地造成。

（3）彈性地板如果不打蠟會損壞。

（4）如果不進行適當的保養，地面色彩會逐漸失去並且地面會形成許多微孔。

（5）如發現有鬆動或脱落的貼面要立即修復，以防將行人絆倒、摔傷。

（6）彈性地面防止家具壓碰及帶有鐵掌的鞋的踏壓。

上述提及的一般問題如果能遵循各種類型地面的特殊維護方法，雖不能全面杜絕，但可以減少到最低的限度。

三、地毯的清潔與保養

（一）地毯的組成

地毯通常用下列三種纖維組成：

（1）動物纖維，如絲及羊毛。

（2）植物纖維，如棉及麻。

（3）人造纖維，如尼龍。

若使用適當清潔劑及清潔方法，大部分地毯都可以清潔。

（二）地毯的結構

地毯基本上是由三層（種）材料構成，即面層纖維或稱線層（YARN PILE）、第一支持層、第二支持層：

1.面層纖維

這一層的纖維，有不剪的環層、已剪的斷層及兩者混合層。

環層結構。該類地毯適用於工業區或交通頻密的地方，因為纖維密度較高，而砂石對這類地毯的滲透力弱，易於吸塵。環層結構地毯亦較耐用。

斷層結構。是將環層的尾部剪去，形成每條纖維獨立在支持層上，適用於一般住所或交通較疏的地方，耐用程度視乎纖維密度而定，對砂石的抗拒力較弱，但感覺上較柔軟。

混合層結構。混合層結構結合了斷層結構的柔軟性及環層結構的耐用性，為近期興起的住宅地毯。若纖維的密度高，亦可用於住所的走廊等交通頻密的地方。

以上的面層結構是由剪機所造成，剪去的纖維部分被吸塵機吸去，部分則留於地毯上，所以新鋪的地毯通常會出現大量的毛頭，這種現象在使用適當吸塵機吸去毛頭後便不會出現。繼續脫毛的現象只有在使用不適當的吸塵機或不正確的保養方法之下才會出現。

2.支持層

織或鉤的地毯的支持層是與面層纖維一起織或鉤成的。支持層的纖維可以是麻、棉、聚酯纖維、丙二胺纖維等，織或鉤的地毯不需要第二支持層。

地毯製造商目前用於製造地毯的物質，幾乎全部是人造纖維，除了有限的高級地毯仍然是用羊毛以外。

下面為幾種常用的地毯纖維及其特性：

（1）丙烯酸（ACRYLIC）。1975 年始用於地毯，質似羊毛而價錢適中，對摩擦及潮濕的抗拒力較弱，難於清理，濕水後極難乾，油類會在表面留下永久痕跡，但對酸性溶劑及水的沉跡的抗拒力相當好，會燃燒。

（2）尼龍（NYLON）。尼龍是 1938 年由杜邦化工所發明，數年後應用於地毯上，其纖維被廣泛採用，質硬，對摩擦、昆蟲、水漬均有較佳抗拒力，對酸性及溶劑亦有相當抗拒力，油漬若不即刻清除會留下永久痕跡。難點燃，但會燃燒熔化。

（3）聚酯（POLYESTER）。聚酯纖維在 1967 年被介紹給地毯製造商，其被接納是因性質似羊毛，有多種色澤，對砂石、摩擦等抗拒力甚好，易清理，具有尼龍的部分特性。

（4）聚丙烯（PCLPROFYLENE）。聚丙烯是長鏈狀物質，含 95%的丙烯，價低，有極佳的防酸、塵及濕性，幾乎完全不吸收外界物質，非常容易清理。

（5）羊毛（WOOL）。羊毛始用於公元前 2000 年，是一種高價的動物纖維，耐用，但因為是天然纖維，固有吸濕的傾向，一般汙漬較難清除，阿摩尼亞、漂水、氯水、鹼或較強的清潔劑均會對其造成傷害，但其仍代表高雅名貴，故被採用。近期已生產出不帶靜電的羊毛。

（三）地毯的維護保養

1.地毯的維護

地毯比其他種類的地面更容易聚集灰塵和細菌。行人的鞋底將灰塵和沙子帶到地毯上堆積起來，砂石的鋭利稜角會磨壞地毯的織線，地毯很快會被磨損。

（1）地毯維護的注意事項

A.定期檢查地毯的狀況決定是否需要清理

B.檢查過程中需考慮下列情況：

①汙跡。

②地毯的線頭，地毯高出的部分應用剪刀鉸去，絕不能抽拉線頭。

③小塊脫落的地毯毛簇，主要是手刷地毯造成，這是危險的跡象，這種凸起的毛簇會因不正確的地毯清洗而變的脆弱或因灰塵堆積而潰散。

④修理凸起的毛簇——在凸起的毛簇上覆上一塊濕布用熨斗起熨，用軟刷刷熨過的毛簇，移開家具，防止長期壓迫使地毯變形。

⑤角落地毯捲曲——這種情況可用一塊濕布鋪在地毯上，並在下面也鋪一塊濕布，用電熨斗壓在濕布上產生熱蒸汽熨平。

⑥皺紋——檢查地毯上的膠墊，膠墊可防治起皺。

⑦煙痕和小洞——剪下一塊備用地毯，將汙點洗淨並晾平，用毛線將剪下的地毯縫在損壞的地方。

（2）清潔

地毯的髒物可用掃帚清掃，使用地毯清潔器清潔，用手敲打和搖抖，用吸塵器吸塵，乾洗和水洗。

①掃帚清掃——用稻草或高粱掃帚的頭輕輕的掃去紙片等物，不可用力壓著地毯。

②地毯清潔器——推動把手使清潔器在地毯表面滾動，不可向後拉推清潔器。

③用手敲打或者將地毯從地面提起來搖抖，如果需要用手敲打，可將地毯放在寬廣的地方翻過來鋪平，敲打或搖抖地毯，使地毯內的灰塵出來，然後用吸塵器吸淨正反兩面。

④吸塵器清潔——每週至少吸塵一次，以便將地毯內的灰塵和害蟲等吸出，以防蟲蝕和其他害蟲損壞地毯，使地毯的毛簇矗立。餐廳和公共場所的地毯每天要吸幾次塵。

⑤乾洗地毯只需1～2小時，不用封閉房間，不用使地毯全濕即可清潔地毯表面。首先先吸塵一遍，用粗而軟的布或者用報廢的浴巾蘸上乾洗劑擦洗地毯表面，要將擦布經常在乾洗劑中洗幾遍，不可將地毯用乾洗劑浸透。

（3）地毯清潔中易遇到的問題

①在準備去掉汙點之前，應分析和檢測汙點屬於何種汙跡，錯誤的處理方法會使汙點永難除掉。

②應知道地毯的織物屬於何種成分，以便選擇無傷害性的去汙劑，保存織物纖維的說明書或者標籤，以備日後需要。

③在準備去掉地毯汙跡前用去汙劑或藥水先在不明顯的角落試一點，看地毯是否變色或褪色。

④應用冷水或溫水——絕不可用熱水或稀釋的合成洗滌劑。

⑤清洗圈絨地毯時，用乾洗劑比用水要好，並應當勤擦地毯。

2.地毯上特殊汙跡的清潔

普通汙跡可用焦點起漬劑：

（1）用牙刷蘸一點蘇打水刷茶跡、咖啡跡、紅茶跡，然後用一塊乾淨的抹布吸乾。

（2）蠟燭漬：把乾布罩上，上面噴一些水，用熨斗一熨，蠟燭漬就會溶於布上。

（3）圓珠筆漬：用小刷子蘸點酒精輕輕刷，再用塊乾淨白布把其擦乾。

（4）口唇膏漬：清潔同上。

（5）香口膠：使用香口膠除漬劑。如遇到大塊香口膠，可把乾冰放上去，使之硬化而失去黏力，然後用油灰鏟把它剷去，剩下的汙跡用酒精清除。

（6）紅酒漬：先用一塊乾布把酒水吸乾，然後撒些食鹽在汙漬上，兩小時以後用吸塵器吸乾。

（7）煙漬：把它剪去再補上一塊。

3.保養地毯的一般守則

（1）吸塵是保養地毯的首要程序，應選用適當的滾筒吸塵機，切記吸塵的工作做得越好，要清洗地毯的次數就越少，吸塵次數越多，對地毯的保養就越好。

（2）在使用任何清潔劑時，要先試一下清潔劑對地毯的影響，以免地毯變色，切忌假設清潔劑對地毯無損。

（3）避免使用過熱或過冷的水清洗地毯（洗化纖地毯可水溫高）。

（4）避免使用過高的酸性或鹼性清潔劑。

（5）不要將太多的清潔劑置於地毯上。

（6）不要試圖一次將很髒的地方洗淨，應待地毯乾後再重複清洗，直至乾淨。

4.保養方法簡介

無論地毯是何種材料或何種結構，地毯上的汙漬大致可分為五種：乾砂石、塵埃；表面垃圾、紙片；藏於地毯地墊的沙礫；水溶汙漬；油溶汙漬。

若要延長地毯的壽命，必先要建立一套適當的清洗計劃表，在保養地毯過程中，吸塵是最重要的部分，而且占用大部分的清潔時間，起漬是視乎需要而做，通常是在吸塵後進行。任何汙漬應盡快清除，日久後便會很難清除。一般來說，吸塵是根據以下條件而定：

交通非常頻密的地方——每天吸塵一次；交通頻密地方——每週吸塵三次；普通地方——每週吸塵一次至兩次。

5.保養程序

（1）乾粉清洗法

A.材料及儀器

①粉狀清潔劑。

②長柄刷或壓粉機。

③吸塵機（滾筒式）。

B.操作方法

①用吸塵機徹底吸塵。

②將清潔劑均勻撒於地毯上。

③用長柄刷將清潔粉末壓入地毯內。

④讓清潔劑留在地毯內40至50分鐘。

⑤用吸塵機徹底吸塵。

C.注意事項

①此法適用於小面積地方，屬輕便清潔方法，不能用於徹底清洗地毯。

②在操作過程中，無須停止交通，有不阻礙交通的優點。

③不會令地毯過濕，無縮水的現象。

（2）罐裝乾泡洗法

A.材料及儀器

①罐裝乾泡清潔劑。

②長柄擦或海綿擦。

③吸塵機（滾筒式）。

B.操作程序

①徹底吸塵。

②將清潔劑在距離地毯面積2尺處噴於4×4面積的地毯上。

③將長柄擦或長柄海綿擦濕水，然後去水，以不滴水為適合。

④用擦將清潔劑擦入地毯內。

⑤待地毯完全風乾後，用吸塵機徹底吸塵。

C.注意事項

①適用於小面積地方，屬輕便清洗法，不能用以徹底清洗地毯。

②需要封閉工作區，最少40分鐘。

（3）手泵噴洗法

A.材料及儀器

①地毯清潔劑。

②手提壓力泵。

③洗地機（即打蠟機）。

④棉墊。

⑤吸塵機。

B.操作程序

①徹底吸塵。

②將清潔劑依指示注於泵內。

③將海綿墊裝於洗地機上，開動洗地機，將清潔劑擦入地毯中。

④注意更換棉墊。

⑤待地毯完全風乾後，徹底吸塵。

C.注意事項

①此法適用於一般髒度的地毯，不能徹底清洗地毯。

②要控制噴灑清潔劑的分量，以免地毯過濕造成縮水或起水漬的現象。

③洗地機的走向，可以是圓形互疊或方形互疊。

④用此法洗地毯，會使地毯較濕，且須局部封閉工作區域。

（4）乾泡清洗法

①材料及儀器

A.乾泡清潔劑。

B.乾泡機（滾筒式）。

C.吸塵機。

D.保護膠墊及水桶。

②操作程序

A.徹底吸塵。

B.將清潔劑依指示混合於水桶中，再注入乾泡機內。

C.用乾泡機將清潔泡沫擦入地毯中。

D.乾泡劑的走向是方形互疊法。

E.待地毯完全風乾，然後再徹底吸塵。

③注意事項

A.適用於任何髒度的地毯上。

B.封閉工作區的時間比較短，不會使地毯過濕。

C.當停下乾泡機時，應立即將機器移開地毯或用保護膠墊墊於機底以保護地毯。

（5）盤形乾泡清洗法

①材料及儀器

A.乾泡清潔劑。

B.乾泡機。

C.洗地機。

D.軟尼龍擦。

E.吸塵機。

F.膠質保護墊及水桶。

②操作程序

A.徹底吸塵。

B.將清潔劑依指示混合於水桶內，然後注入乾泡機內。

C.將乾泡機置於洗地機上。

D.用乾泡機將乾泡清潔劑均勻擦入地毯中。

E.機器的走向是由左上角開始向右作圓形互疊，同時放下清潔劑至10尺左右，停止清潔，將機推回左面，向下推一行，再以圓形互疊法向右推。上行與下行間應互疊約5吋。

F.待地毯完全風乾後，徹底吸塵。

③注意事項

A.適用於任何髒度的地毯。

B.需要技術人員操作，以避免留痕或過濕。

C.洗地機不能太大或太細。

D.機洗過於頻密會使地毯毛發硬或鬆散，必要時應以長柄刷梳理。

E.當停下機器時，應立即移離毯面或放下保護墊。

F.需較長工作時間。

（6）盤形濕洗法

①材料及儀器

A.洗地機。

B.軟尼龍刷。

C.吸塵機。

D.保護膠墊及水桶。

②操作程序（與盤形乾泡洗法同）。

③注意事項（與盤形乾泡洗法同）。

（7）凍水沖洗法

①材料及儀器

A.凍水抽洗機。

B.地毯清潔劑。

C.吸塵機及水桶。

②操作程序

A.用冷水依指示混合清潔劑於水桶中。

B.徹底吸塵。

C.開著機器，直線拖動至適當長度。關閉噴水器，在原線上拖動以吸去多餘水分。

D.移至另一行，重複上述動作。

E.待地毯完全乾透，徹底洗塵。

③注意事項

A.需技術人員操作，以免地毯過濕。

B.適用於任何髒度的地毯上。

C.每年不宜用此法超過兩次。

（8）熱水抽洗法

此法與上述方法完全相同，唯其使用熱水，故若使用不當，危害甚於凍水。

四、牆面的清潔與保養

與地面材料一樣，牆面的裝潢也是日新月異，裝飾材料品種日益繁多。因為牆可能首先進入人的視線，它的好壞直接影響客人對飯店的印象和評價，因此，飯店投入大量資金用於牆面的裝飾，以使飯店更具特色和吸引力。

（一）硬質牆面的保養

硬質牆面與硬質地面有許多近似的性能。常用的有瓷磚牆面和大理石牆面。作為牆飾面的瓷磚都施釉，且花形圖案多樣。一般大理石多做大廳飾面材料，瓷磚多為廚房、客房、浴室的飾面材料，主要是因為它有防水、防汙、防火性能及一定的裝飾性能。

硬質牆面與硬質地面的保養有所不同。因為牆飾面摩擦少，主要是灰塵、水珠等淺垢，如在大廳，則主要是灰塵。清潔保養方法是每天撣去表面浮灰；定期用噴霧蠟水清潔保養。該蠟水既具有清潔功效，又會在面層形成透明保護膜，更方便了日常清潔。如是浴室的牆面，則應定期使用鹼性清潔劑清潔，洗後一定要用清水洗淨，否則時間一久，會使表面失去光澤。

（二）貼壁紙牆面的保養

貼壁紙是目前應用最廣的牆面飾材，主要被用於客房、會議室和一些餐廳。

所有貼壁紙牆面的正常保養是定期對牆面進行吸塵清潔，將吸塵器換上專用吸頭即可。日常發現特殊髒跡要及時擦除。方法是：對耐水壁紙可用中、弱鹼性清潔劑和毛巾或牙刷擦洗，洗後用乾毛巾吸乾即可；對於不耐水牆面可用乾擦法，如可用橡皮等擦拭，或用毛巾蘸些清潔劑擰乾後輕擦，總之要及時清除汙垢，否則時間一長即會留下永久斑跡。

（三）軟面牆面的保養

軟面牆面是用錦緞等浮掛牆面，內襯海綿等，故稱軟面牆面。該牆面的裝飾效果、織物所具有的獨特質感和觸感，以及其別緻的色貼方法，是其他任何牆飾面所無法比擬的。它具有溫暖感，格調高雅、華貴，立體感強，吸音效果好等特點，是高檔客房的理想飾料。

軟面牆面的保養主要是吸塵，可定期進行。如能保持房間相對濕度，則不會有太大的清潔保養難度。因為軟飾面被襯海綿等填充物，水擦後不易乾透，甚至會留下較明顯水斑，故不能經常用清潔劑洗擦髒斑，因此，宜在一公尺以下處用木板牆貼面，一公尺以上處用軟牆飾。這樣既能增強了裝飾效果，又方便了清潔保養。

（四）木質牆面的清潔保養

木質牆面有微薄木貼面板和木紋人造板兩種，常被用於大廳、會議室、餐廳、客房的裝飾。木質牆面平時可用擰乾的抹布除塵除垢。定期上家具蠟可減輕清潔強度。對於破損處則需維修人員修復上漆。

（五）塗料牆面的保養

塗料可分為溶劑型塗料、水溶性塗料和乳膠漆塗料三種。溶劑型塗料生成的塗膜細而堅韌，有一定耐水性，缺點是有機溶劑較貴、易燃，揮發後有損於人體健康。水溶性塗料是以水溶性合成樹脂為主要成膜物質，會脫粉。乳膠漆塗料是將合成樹脂以極細微粒分散於水中構成乳液（加適量乳化劑）。作為主要成膜物質，其效果介於前兩種塗料之間，其色澤千變萬化，價格較低，不易燃，無毒，無怪味，也有一定的透氣性。缺點是天氣過分潮濕時會發霉。這種牆料因施工簡單，色彩變化大，客房仍可使用，若每年粉刷一次，會有意想不到的效果。

塗料牆面的日常清潔是撣塵。牆面一出現霉點即用乾毛巾擦拭。橡皮是較好的除斑用具，但須掌握技巧，否則同樣會留下擦痕。

第四節 清潔設備與清潔劑

一、清潔設備

（一）清潔設備的分類

必要的清潔設備既是文明操作的標誌，也是質量和效率的保證。客房部所用的清潔設備種類很多，從廣義上講，是指從事清潔工作時所使用的任何器具，既有手工操作的、簡單的工具，也有電機驅動的、特殊的機器。為了便於使用和管理，可把清潔設備分為兩大類：一般清潔器具和機器清潔設備。

1.一般清潔器具

一般清潔器具，包括手工操作和不需要電機驅動的清潔器具兩大類，主要有：

（1）掃帚。主要用於掃除地面那些較大的、吸塵器無法吸走的碎片和髒物。根據其用途、形狀和製作材料的不同，可以分為很多種。

（2）畚箕。用於撮起集中成堆的垃圾，然後再倒入垃圾容器的工具。可分為單手操作、三柱式和提合式三種。

（3）拖把。用布條束或毛線束安裝在柄上的清潔工具。現在大多數裝有環扣以免束帶脫落；而且都由尼龍繩製成，以避免發霉和腐爛。所有的拖把頭都應可以拆卸，以便換洗。拖把較適用於乾燥平滑的地面，其尺寸大小取決於地面和家具陳設等。

（4）塵拖。塵拖，也稱萬向地拖，是拖把的進一步發展。塵拖由兩個部分構成：塵拖頭、塵拖架。塵拖頭有棉類和紙類兩種。塵拖主要用於光滑地面的清潔保養工作，它可將地面的沙礫、塵土等帶走以減輕磨損。為了使塵拖效果更好，往往還要蘸上一些洗塵劑或選用可產生靜電的合成纖維製作的推塵頭。

塵拖頭的規格應根據地面的情況而選用。拖頭必須經常換洗以保證清潔效果和延長其使用壽命。用牽塵劑（靜電水）浸泡過的棉類拖頭，除塵效果更好。

（5）房務工作車。房務工作車是客房衛生班服務員清掃客房時用來運載物品的工具車。有的飯店還配備了不同類型的房務工作車，如女服務員工作車、棉織品車、男服務員工作車等。另外，還有專為運送垃圾桶、家具等設計的轆軸車，以及一些鋼製和木製的用於搬運箱子的手推車和運輸大件物品的平臺車。

（6）玻璃清潔器。擦玻璃是一項費時費力的工作，如果使用玻璃清潔器則可提高工效，而且安全可靠、簡便易行。玻璃清潔器主要由長桿、「T」形把和其他配件構成。

2.機器清潔設備

機器清潔設備，一般指需要經過電機驅動的器具，如吸塵器、吸水機、洗地機、洗地毯機、打蠟機等。在飯店的清潔過程中，使用的大部分機械都是電動機械，這是因為電動機械一不汙染環境，二使用靈便，三效率甚高。

（1）吸塵器

吸塵器全稱為電動真空吸塵器，它是一個由電動機帶動的吸風機，即利用馬達推動扇葉，造成機身內部的低壓（真空），透過管道將外界物品上附著的灰塵吸進機內集塵袋中，達到清潔的目的。

吸塵器應用範圍很廣，包括地板、家具、帳簾、墊套和地毯等。吸塵器不但可以吸進其他清潔工具不能清除的灰塵，如縫隙、凹凸不平處、牆角以及形狀各異的各種擺設上的塵埃，而且不會使灰塵擴散和飛揚，清潔程度和效果都比較理想。吸塵器是飯店日常清掃中不可缺少的清掃工具。

（2）洗地毯機

洗地毯機工作效率高，省時省力，節水節電。機身及配件用塑料玻璃和不鏽鋼製成。洗地毯機一般採用真空抽吸法，脫水率在70%左右，地毯清洗後會很快乾燥。洗地毯機可清洗純羊毛、化纖、尼龍、植物纖維等地毯。

（3）吸水機

吸水機外形有筒型和車廂型兩種，機身由塑料或不鏽鋼材料製成，分為固定型和活動型兩種。吸水機的功能是：用洗地毯機洗刷後，地毯表面比較乾淨，但洗刷後的汙水及殘渣仍深藏在地毯根部，在地毯上容易形成髒汙並使它失去彈性。如果用吸水機對刷洗後的地毯進行抽吸，任何頑固的殘渣都能被徹底抽除，因為吸水機一般均裝有兩個真空泵，吸力特別大。

另外，還有吸塵吸水兩用機，又稱乾濕兩用吸塵器，此類機器既可用來吸塵，清理地板、家具和窗簾，又可以用來吸水。

（4）洗地機

洗地機又稱擦地吸水機，它具有擦洗機和吸水機的功能。洗地機裝有雙馬達，集噴、擦、吸於一身，可將擦地面的工作一步完成，適用於飯店的大廳、走廊、停車場等面積大的地方，是提高飯店清潔衛生水準不可缺少的工具之一。

（5）高壓噴水機

這種機器往往有冷熱水兩種設計，給水壓力可高達 20～70 公斤／平方公分。一般用於垃圾房、外牆、停車場、游泳池等處的沖洗，也可以加入清潔劑使用。附有加熱器的噴水機水溫可高達沸點，故更適合於清除油汙場所。

（6）打蠟機

打蠟機有單刷、雙刷及三刷機。以單刷機使用最廣。單刷機的速度分為慢速（120～175轉／分）、中速（175～300 轉／分）、高速（300～500 轉／分）和超高速（1000轉／分）。其中，以慢速及中速較適合於擦洗地板用，高速則用於打蠟及噴磨工作。

（二）清潔設備的選擇

清潔設備的管理是客房管理的一個重要組成部分。它不僅關係到客房的經濟效益，而且是保障客房部清潔衛生工作順利進行的一個基本條件。

清潔設備選擇的重要性，一是因為不少清潔設備的投資比較大，使用的週期長；二是清潔設備的選擇是否得當對於客房部的清潔保養能力和效果具有不可忽視的制約作用。每一家飯店都應根據自己飯店的等級和規模，以及清潔保養要求和經費預算等，做出購買設備或轉讓承包的決策。一旦需要購買，客房部管理者必須參與其間，對設備做出分析並提出購買的基本原則。

1.方便性和安全性

清潔設備屬於飯店生產性和服務性的設備，因此，要以可以提高工作效率和服務質量，有利於職工的操作為原則。清潔設備操作方法要簡單明瞭，易於掌握，同時具有一定的機動性，便於清潔死角和最大限度地減少職工的體力消耗。

安全是設備操作的基本要求。設備的選擇和購買要求考慮是否裝有防止事故發生的各種裝置。例如，電壓是否相符，絕緣性怎樣，是否有相應級數的過濾裝置，旋轉設備的偏轉力矩有多大，有無緩衝防撞裝置，等等。

2.尺寸和重量

設備的尺寸和重量會比較大地影響到工作的效率和機動性，甚至關乎設備的保護，如吸塵器在房間使用以選擇吸力式為佳。

3.使用壽命和設備保養要求

清潔設備的設計應便於清潔保養和配有易損件，這樣會相應地延長其使用壽命。設備應堅固耐用，設計上要考慮偶爾使用不當時的保護措施。電動機功率應足以適應機器的連續運轉並有超負荷的裝置。

4.動力源與噪音控制

客房部要負責飯店公共區域的清掃工作，因此在選擇清潔設備時應考慮用電是否方便，據此確定是否選用帶電瓶或燃油機的設備。同時，由於電機設計和傳動方式等不同，其噪音量有所不同，針對客房區域的環境要求，應盡可能地選用低噪音設備。

5.單一功能與多功能

單一功能的清潔設備具有耐用和返修率低等特點，但會增加存放空間和資金占用。如果要減少機器件數，可選用多功能設備和相應的配件。但是多功能設備由於使用率高，返修率和修理難度也高，這就要解決好保養和維修諸問題。

6.價格對比與商家信譽

價格比較不僅要看購買時的價格，還應包括售後服務的價格和零部件修配的可靠性等。質量上乘的產品往往來自一流的廠家和供應商，所以在購買前應對他們的信譽作充分的瞭解。另外，機器設備的調試與試用等，也是選擇清潔設備時應考慮的因素。

（三）清潔設備的日常管理

1.建立設備檔案

不管是客房設備還是清潔機器，一旦劃歸客房部管理和使用，就必須登記、建立檔案。這是做好客房清潔設備管理的基礎。

2.分級歸口，制定操作和維修保養規程

建立設備檔案後，客房部應按業務單元分級，分配責任區域，按種類歸口，將清潔設備的管理和使用層層落實，誰使用誰保管。

二、清潔劑

使用清潔劑的目的是提高工作效率，使被清潔物品更乾淨、更美觀，進而延長其使用壽命。但是，清潔劑和被清潔物品都有較複雜的化學成分和性能，使用不當不僅達不到預期效果，相反會損傷物體。

（一）清潔劑的種類與用途

目前飯店常用的清潔劑大致有以下幾種：

1.酸性清潔劑（pH＜7）

（1）鹽酸（pH＝1）。主要用於清除建築時留下的水泥、石灰斑垢。效果明顯。

（2）硫酸鈉（pH＝5）。可與尿鹼中和反應，用於清潔浴室便器，但要量少且不能常用。

（3）草酸（pH＝2）。用途同上述兩種清潔劑，只是效果更強於硫酸鈉。

上述三種酸性劑客房部可少量配備，用於計劃衛生或清除塵垢，但須妥善管理和使用。使用前必須將清潔劑稀釋，不可將濃縮液直接倒在瓷器表面，否則會損傷被清潔物品和使用者的皮膚。

（4）馬桶清潔劑（呈酸性，pH＝1～5，但含合成抗酸性劑，安全係數增加）。主要用於清潔客廁和浴室便器，有特殊的洗滌除臭和殺菌功效。要稀釋後再行分配使用。在具體操作時，必須在抽水馬桶和便池內有清水的情況下倒入數滴，稍等片刻後，用刷子輕輕刷洗，再用清水沖洗。因此，住客房使用弱酸性的清潔劑，而走客房用馬桶清潔劑，既保證衛生清潔質量，又緩解了強酸對瓷器表面的腐蝕。

（5）消毒劑（5＜pH＜9）。主要呈酸性，除了作為浴室的消毒劑外，還可用於消毒杯具，但一定要用水漂淨。

2.中性清潔劑（pH≈7）

（1）多功能清潔劑。pH值約為7～8，略呈鹼性，主要含表面活性劑，可去除油垢，除不能用來洗滌地毯外，其他地方均可使用，不僅很少損傷物體表面，還具有防止家具生霉的功效。原裝均為濃縮液，使用前要根據使用說明進行稀釋，再擦拭家具，便可去除家具表面霉變的汙垢、油脂化妝品等。為飯店用量最大的一種清潔劑，宜用於日常衛生，但對特殊汙垢作用不大。

（2）洗地毯劑。這是一種專用於洗滌地毯的中性清潔劑。因含泡沫穩定劑的量不同，又分為高泡沫和低泡沫兩種。低泡沫一般用於濕洗地毯，高泡沫用於乾洗地毯。低泡沫清潔劑宜用溫水稀釋，去汙效果更好。

3.鹼性清潔劑（pH＞7）

（1）玻璃清潔劑（pH＝7～10）。有液體的大桶裝和高壓的噴裝兩種。前者類似多功能清潔劑，主要功效是除汙斑。後者內含揮發溶劑、芳香劑等。可去除油垢，用後留有芳香味，雖價格高，但省時、省力、效果好，使用後會在玻璃表面留下透明保護膜，更方便了以後的清潔工作。前者在使用時需裝在噴壺內對準髒跡噴一下，然後立刻用乾布擦拭，可光亮如新。

（2）家具蠟（pH值＝8～9）。形態有乳液態、噴霧型、膏狀等幾種。在每天的客房清掃中，服務員只是用濕潤抹布對家具進行除塵，家具表面的油跡汙垢不能去除。對此，可用稀釋的多功能清潔劑進行徹底除垢，但長期使用會使家具表面失去光澤。家具蠟內含蠟（填充物）、溶劑（除汙垢）和矽銅（潤滑、抗汙），可去除動物性和植物性的油汙，並在家具表面形成透明保護膜，防靜電、防霉。因其有雙重功能，即清潔和上光，所以使用方法是：先將蠟倒一些在乾布或家具表面上擦拭一遍，以清潔家具。約15分鐘後，再用同樣的方法擦拭一遍，進行上光，兩次擦拭效果極佳。

（3）起蠟水（pH＝10～14）。用於需再次打蠟的大理石和木板地面，強鹼性可將陳蠟及髒垢浮起而達到去蠟功效。由於鹼性強，起蠟後一定要反覆清洗地面後才能再次上蠟。

4.上光劑

（1）省銅劑（擦銅水）。為糊狀，主要原理是氧化掉銅表面的銅鏽而達到光亮銅製品的目的。只能用於純銅製品，鍍銅製品不能使用，否則會將鍍層氧化掉。

（2）金屬上光劑。含輕微磨蝕劑、脂肪酸、溶劑和水。主要用於銅製品和金屬製品，像鎖把、扶手、水龍頭、捲紙架、浴簾桿等，可造成除鏽、除汙、上光之功效。

（3）地面蠟。有封蠟和面蠟之分。封蠟主要用於第一層底蠟，內含填充物，可堵塞地面表層的細孔，起光滑作用，好的封蠟可維持 2～3 年。面蠟主要是打磨上光，增加地面光潔度和反光強度，使地面更為美觀。封蠟和面蠟又分為水基和油基兩種，水基蠟主要用於大理石地面，油基蠟主要用於木板地面。蠟的形式有固態、膏態、液態三種，較常用的是後兩種。

5.溶劑

溶劑為揮發性液體，常被用於去除油汙，又可使怕水的物體避免水的浸濕。

（1）地毯除漬劑。專門用於清除地毯上的特殊斑漬，對怕水的羊毛地毯尤為合適。有兩種：一種專門清除果汁色斑，一種專門清除油脂類髒斑。清潔方法是用毛巾蘸除漬跡（也有噴灌裝的），在髒斑處擦拭。發現髒斑要及時擦除，否則效果較差。

（2）酒精。主要用於電話機消毒（必須是藥用酒精）。

（3）牽塵劑（靜電水）。浸泡塵拖，對免水拖地面，像大理石、木板地面進行日常清潔和維護，除塵功效明顯。具體操作時，應先將塵拖頭洗乾淨，然後用牽塵劑浸泡，待全乾後再用來拖地，效果才好。

（4）殺蟲劑。指噴灌裝的高效滅蟲劑，如「必撲」、「雷達」等。對房間定時噴射後密閉片刻，可殺死蚊、蠅和蟑螂等爬蟲和飛蟲。這類殺蟲劑由服務員使用，安全方便，但對老鼠等害蟲則應請專業公司或個人承包，或購買專門用於滅鼠的藥粉等。

（5）空氣清新劑。品種很多，不一定都是溶劑型，兼具殺菌、去除異味、芳香空氣的作用。香型種類很多，但產品質量差距很大。辨別質量優劣的最簡單的方法就是看留香時間的長短，留香時間長的好。香型選擇要考慮適合大眾習慣。

（二）清潔劑分配控制

合理分配清潔劑既能滿足清潔需要，又能減少浪費。清潔劑的分配最好由一名主管或領班專門負責，在每天下班前對樓層進行補充，每週或每半個月對品種和用量進行盤點統計。通常，用量的多少與客房出租率的高低有關，對例外情況的額外補充應作詳細記載。對於用量大、價格也比較便宜的，像多功能清潔劑和馬桶清潔劑，買回時多用大桶裝，分發工作量雖然大，但管理方便。對於用量難以控制、價格又比較高的清潔劑，像家具蠟、玻璃清潔劑（罐裝）、空氣清新劑和金屬擦拭上光劑等，管理難度相對大些，而且流失量大，損失也大，對此一定要嚴格控制分配。例如，可憑經驗或做試驗，測算一瓶可以用多久，可用多少房間等。以此作為標準來控制分配。或者採用必須以空瓶換新瓶的辦法來進行有效控制，以減少不必要的流失和浪費。

（三）清潔劑的安全管理

高壓罐裝清潔劑、揮發溶劑清潔劑，以及強酸、鹼清潔劑都是不安全因素。前兩者屬易燃易爆物品，後者會對人體肌膚造成傷害，若管理不當均有一定的危險性。所以，在管理中需注意以下幾點：

（1）制定相應的規章制度，培訓服務員掌握使用和放置清潔劑的正確方法。平時注意檢查和提醒服務員按規程進行操作。

（2）必須使用強酸和強鹼清潔劑時，先做稀釋處理，並儘量裝在噴壺內，再發給服務員。

（3）配備相應的防護用具，如合適的清潔工具、防護手套等。

（4）禁止服務員在工作區域吸煙。嚴查嚴罰，以減少危害源。

總之，購買貨真價實的清潔劑，減少浪費，保證安全使用，是清潔劑管理工作的目的。

第五節 創建「綠色客房」活動

1992年6月聯合國在里約熱內盧召開了「聯合國環境與發展大會」，並通過了《21世紀議程》，標誌著世界進入了「保護環境，崇尚自然，促進可持續發展」的綠色時代。

1993年，由世界 11 個著名的飯店管理集團組成的一個委員會召開了旅館環境保護國際會議，並出版了《旅館環境管理》一書，從那時起，世界各地掀起了一股創建綠色飯店的浪潮，並迅速波及到旅遊飯店業正蓬勃發展的中國。

一、創建綠色飯店的意義

（一）綠色飯店

1.「綠色」的含義

「綠色」在這裡並非單指顏色，而是指人類生存的環境（包括自然環境和社會環境）透過有效的保護，達到生態環境保護標準、無汙染的標誌。

2.綠色飯店的概念

綠色飯店是指那些為賓客提供的產品與服務符合充分利用資源、保護生態環境和對人體健康無害的飯店。從可持續發展角度而言，綠色飯店就是指飯店業的發展必須建立在生態環境的承受能力之上，符合當地經濟發展狀況和道德規範，既滿足當代人的需要，又不對後代構成危害。

（二）創建綠色飯店的意義

1.創建綠色飯店，符合社會利益

綠色飯店在經營過程中為客人提供的所有產品和服務，都注重充分利用物資、儘量降低能耗和減少對環境的汙染，為社會和經濟的可持續發展做出貢獻。

2.創建綠色飯店，符合飯店利益

近幾年來，中國大多數飯店經營步履維艱，一些飯店入不敷出。在這種情況下，如何在經營中節能、降耗、減少開支，以提高經濟效益，就越來越受到經營者的關注。儘管為創建綠色飯店需要進行一些投資，但從長遠看，仍能達到飯店提高經濟效益的目的。因為，根據創建綠色飯店的要求，結合各飯店具體環境因素分析，一定會制定出各項控制環境汙染、合理使用能源、減少物料消耗、降低成本的措施，只要不折不扣的執行，就一定能提高經濟效益。

3.創建綠色飯店，有利於提高管理水準

許多飯店往往只重視營銷和櫃臺服務的管理，而忽視對設備設施、物資消耗的管理，造成能源、物資的嚴重浪費，導致飯店經營成本過高。而透過創建綠色飯店，可以促使飯店克服上述薄弱環節，提高管理水準。

4.創建綠色飯店，有利於滿足綠色消費

由於人們環保意識的增強，綠色消費逐漸深入人心。據西方發達國家的統計，90%的美國人在購買商品時關心的是是否為綠色產品。另外，推出綠色產品還能滿足顧客的獵奇心理。這些均順應了消費新趨勢，利於飯店擴大市場份額。

5.創建綠色飯店，有利於提高環保意識

飯店作為一個國家、城市的對外窗口，對提高整個社會的文明程度具有很大的影響。「創綠」是一個全員活動，需要員工與客人共同參與，這必將提高全社會的環境保護意識，實現社會的可持續發展。

二、創建「綠色客房」的具體措施

客房作為飯店的最重要產品之一，在創建綠色飯店的工作中占有非常重要的地位。被中外專家一直認同的「6R」原則同樣適用於創建綠色客房。

（一）「6R」原則在綠色客房中的具體應用

1.Reducing 減量化原則

比如減少客用品不必要的包裝，減少不必要客用品的供應量，減少布件的洗滌次數，降低洗澡用熱水的溫度（控制在45℃左右即可），採用節水裝置等。

2.Reusing 廢物利用原則

比如將報廢的床單改成抹布、枕套、小床單等，提高其利用率。

3.Recycling 循環利用原則

將客房中一些廢舊物資、設備送往回收站，進行回收再生利用。

4.Replacing 替代使用原則

比如用天然棉麻布件替代化學纖維含量較高的布件，用布袋代替塑料洗衣袋等。

5.Repairing 維修再用原則

加強客房設備設施的維修保養，在飯店允許的折舊年限內，盡可能延長使用壽命，對某些設施設備的備件應考慮其延伸使用。

6.Refilling 添加使用原則

對客房中的洗髮液、洗浴液等使用可添加液體的容器盛放，減少包裝物的無效耗用。

當然，在實施以上這些做法的同時，一定要記住一個重要的前提，即必須尊重客人的意願，引導而不是強制，不影響設備用品的使用效果，不降低服務質量。這些做法可以透過在客房或飯店公共區域放置告示牌或提示卡的形式使客人知曉。

（二）某些告示性資訊樣本

1.客房中的提示卡

尊敬的賓客（Dear guest）：

為了您的健康，我們為您準備了符合國際環保要求的「綠色客房」，它將為您創造更為理想的居住環境。

（For the purpose of reducing the environment pollution, we'd like to recommend you to stay in our "green floor".）

在您居住的「綠色客房」裡，我們將按國際環保組織的要求減少一次性用品的消耗和棉織品的洗滌次數，希望得到您的理解和支持。

（In the rooms of the green floor, smoking is strictly forbidden. Environment-friendly and recyclable products replaced some plastic ones, the detergent for laundry washing is also reduced to the minimum.）

謝謝您的合作！讓我們攜手共同愛護我們的家園！

（Let's boost our effects in improving the environment! Thank you very much!）

2.員工環保須知

（1）節約用電：隨手關燈，合理控制設備開關。

（2）節約用水：一水多用。能開小，不開大。不用時要關緊。不用長流水洗滌物品。

（3）提前將冰凍食品解凍。

（4）保護水源：儘量減少油脂排入下水道。儘量用肥皂，不用清潔劑。不向水體傾倒垃圾、廢棄物。

（5）珍惜紙張：正反面使用，使用再生紙，採用綠色簡易包裝，不送賀年片。

（6）不浪費食品：珍惜糧食，適量點菜，剩菜打包，餘酒代存。

（7）使用無磷洗衣粉。

（8）收集廢電池。

（9）使用無公害物品：少備一次性物品，不用一次性筷子；自備布袋子、菜籃子；不用不可降解的塑料製品。

（10）保護野生動物：拒食野生動物，不飼養野生動物，拒用野生動物製品。

（11）文明旅遊：除了腳印，什麼也別留下；除了照片，什麼也別帶走。

本章小結

1.清潔保養作為客房部的主要工作，為保持一家飯店應有的水準提供了重要保證。

2.客房的清潔整理工作是客房部日常經營管理的重中之重。這項工作的好壞不僅反映了飯店的管理水準，更體現了客房商品的價值所在。

3.公共區域在飯店中包括了很大範圍，到飯店來的客人只有40%會成為住店客人，另外的60%只是一些過客。一家飯店公共區域的清潔保養水準成為上述這些客人評價一家飯店的重要依據。同時，飯店中各種不同材質的地面、牆面需要使用不同的清潔保養方法，作為一名現代飯店的客房服務人員，掌握這些方法是十分必要的。

4.隨著整個社會環保意識的增強，人們對飯店能否提供一個健康舒適的住宿環境有了更多和更高的要求，綠色飯店和綠色客房應運而生，並成為當今飯店業的潮流。

思考與練習

1.清潔保養的概念是什麼？如何理解清潔和保養的關係？

2.客房服務標準化的內容有哪些？

3.客房清掃前應做好哪些方面的準備工作？

4.清掃客房的過程中應注意哪些細節問題？

5.客房衛生檢查制度中的三級責任制是指什麼？各有哪些作用？

6.公共區域的清潔保養有哪些特點？

7.公共區域的日常清潔包括哪些內容？

8.運用現有的清潔設備練習各種地面的清潔保養方法。

9.不同的牆面材料在清潔保養中應注意哪些問題？

10.公共區域清潔衛生質量的控制方法有哪些？

11.清潔劑的種類及各自的用途有哪些？

12.創建「綠色客房」有哪些主要措施？

第5章 客房部門資產管理和成本控制

導讀

如本書第一章中所述，客房部是飯店中創利率最高的部門之一，但是要達到這樣的目的就不能忽視對客房成本的控制與資產管理。良好的成本控制與資產管理不僅是飯店客房部的主要工作之一，更是確保客房部獲得預期利潤的重要保證。

學習目標

瞭解客房設施設備的種類、配備的基本要求

瞭解客房成本費用的構成

掌握客房設施設備的日常管理方法

掌握編制預算的基本方法

會運用有關方法分析各種經營指標

第一節 客房設備的管理

客房的設備和物品是體現飯店等級水準的重要方面，只有使各種設備、物品始終處於齊備、完好狀態，才能滿足客人的需要，保證客房服務質量。同時，客房部應根據預測的客房出租率及本部門各種費用、支出及物品耗用量的歷史資料，科學地制訂房務預算。房務預算包括：客房修理、改建、更新、內裝飾及家具、設備的預算；購置布件及制服、客房供應品、清潔工具及用品等的預算。預算制訂後，一旦經總經理核准，客房部應嚴格將本部門的各種費用、支出控制在預算之內。為此，客房部經理要嚴格審核本部門物資、設備、用品的管理制度，明確各級人員在這方面的職責，合理使用物資，對設備進行認真的保養和維修，在滿足客人使用、保證服務質量的前提下，努力降低成本，減少支出。

客房部門的設備主要包括客房設備和清潔設備兩大類。客房設備管理的內容，主要包括設備的合理選擇、設備的日常管理以及設備的更新改建。

一、客房設備的分類和選擇

（一）客房設備的分類

客房設備主要包括家具、電器、潔具、安全裝置及一些配套設施。

1.家具

家具是人們日常生活中必不可少的主要生活用具。客房家具從功能上劃分，有實用性家具和陳設性家具兩大類，其中以實用性家具為主。客房使用的家具主要有：臥床、床頭櫃、寫字檯、軟座椅、小圓桌、沙發、行李架、衣櫃等。客房木質家具要嚴防受潮曝晒，平時應經常用乾布揩擦，並定期噴蠟。

2.電器設備

客房內的主要電器設備有：

（1）照明燈具。客房內的照明燈具主要有門燈、頂燈、地燈、檯燈、吊燈、床頭燈等，它們既是照明設備，又是房間的裝飾品。平時要加強照明燈具的維護和保養，要定期檢修，確保使用和安全。

（2）電視機。電視機是客房的高級設備，可以豐富客人的生活。電視機不應放在光線直射的位置，每天清掃房間時，要用乾布擦淨外殼上的灰塵，並要定期檢修。

（3）空調。空調是使房間一年四季都保持適當的溫度和調換新鮮空氣的設備。各客房的牆面上都有空調旋鈕或開關，分「強、中、弱、停」四檔。平時要保持風口的清潔，並定期檢修。

（4）音響。一般在床頭櫃內安裝音響裝置，供客人收聽有關節目或欣賞音樂。床頭櫃上還裝有電視機、地燈、床頭燈的開關，以及傳喚服務員的按鈕等。這些裝置均須定期檢修。

（5）電冰箱。為了保證飲料供應，有些客房內設有小酒吧，在冰箱內放置酒品飲料，客人可根據需要隨意飲用。電冰箱要定期除霜，並根據季節調整溫度。

（6）電話。房間內一般設兩架電話機，一架放在床頭櫃上，另一架裝在浴室。這樣，客人就不會因在浴室而影響接電話。每天要用乾布擦淨電話機表面的灰塵，話筒要每週用消毒水消毒一次，並定期檢修。

3.衛生設備

浴室的設備主要有洗臉臺、浴缸、坐廁等。洗臉臺上一般裝有面鏡。浴缸邊上有浴凳、浴簾，下面鋪有膠皮防滑墊，有冷、熱水龍頭和淋浴噴頭。飯店裡一般有恆溫器，能自動供熱水；還有衛生紙架、毛巾架及通風設備等。洗臉臺、浴缸、坐廁要清潔消毒，保持乾淨。水龍頭、淋浴噴頭和水箱扳手等金屬設備每天要用布擦淨、擦亮。要定期檢修上、下水道和水箱，以免發生下水道堵塞和水箱漏水的情況。

4.安全裝置

為了確保賓客的生命、財產安全，預防火災和壞人肇事，客房內一般都裝有煙霧感應器，門上裝有窺鏡和安全鏈，門後張貼安全指示圖，標明客人現在的位置及安全通道的方向。樓道裝保安電視，可以監視樓層過道的情況。客房及樓道還裝備自動滅火器，一旦發生火災，安全閥即自動熔化，水從滅火器內自動噴出。安全門上裝有晝夜明亮的紅燈照明指示燈。凡屬防火、防盜的安全設施應經常檢修保養，以免因損壞或失靈造成嚴重後果。

（二）客房設備的選擇

客房部的設備主要包括兩大類，即清潔設備和客房設備。客房設備主要包括家具、電器、衛生潔具及一些配套設施。客房設備選擇的基本原則是：技術上先進，經濟上合理，符合飯店的等級，適應客人的需要，有利於提高工作效率和服務質量。

1.等級性和實用性相結合

現代客房設備的購置、更新要根據經濟合理的原則，選擇與飯店的等級相適應，並在同類級別飯店中較為先進和良好的設備。設備等級低，影響飯店等級；設備等級高，影響經濟效益，均不可取。以空調器為例，窗式空調器既耗電，噪音又大，就不宜作為客房設備。在不具備安裝中央空調的條件下，選擇壁掛式空調器為好。有的飯店為了爭取上星級，但資金又有困難，於是購買高星級飯店已廢棄的窗式空調作擺設，這是不足取的。

選擇設備還要考慮實用性。凡是直接或間接為客人享用的設備，要以滿足客人的生活需要為主，同時提供相應的享受成分。而生產性、服務性設備，要以提高工作效率和服務質量為主，既要便利員工操作，又要考慮賓客使用方便和耐用。

2.針對性與協調性相結合

根據客房的不同等級和服務項目，選擇不同的設備。例如，總統套房、標準房、經濟房的設備就應分等級配備，這就是針對性。

設備的大小、造型、外觀色彩、質地等，必須與客房相協調，整個房間應有一個統一的主色調。如果整個房間陳設布置對比反差太大，花花綠綠的，會給人一種東拼西湊之感。另外，某一用途的設備要自身配套。如果房間地面鋪設地毯，與之相配套的應有浴簾、地巾、吸塵器等，否則地毯的保養就成了問題。

3.節能性與安全性相結合

設備的選擇要考慮節能效果。電熱水瓶、電熱淋浴器等雖然使用方便而且美觀，但耗電量太大，對大多數飯店來説是應該放棄的。方便性也是節能性的表現，如清潔設備要選擇使用簡便、易於維修保養、工作效率高的，而不提倡選擇多用途設備。

安全是住店客人的基本要求。設備的選擇和購置要考慮是否具有安全可靠的特性及裝有應急設施。例如，家具飾物的防火阻燃性、冷熱水龍頭的標誌、電器設備的自我保護裝置，甚至包括防滑、防靜電、防碰撞、防噪音汙染的要求，等等。此外，商家有無售後服務也是設備安全的重要保證。

二、客房設備的使用與管理

（一）客房設備的使用

客房設備的使用，主要涉及員工與客人兩方面。

客房部要加強對職工的技術培訓，提高他們的操作技術水準，懂得客房部設備的用途、性能、使用方法及保養方法。

客房的設備是以租借形式供客人使用的。為了使在用設備件件完好，客房服務人員在引領客人進房時，須按照服務規程介紹客房設備的性能和使用方法。客房服務員要按規程對客房設備進行日常的檢查與維護保養，發生故障要及時和有關部門聯繫進行修理。如遇賓客損壞設備，要分清原因，適當索賠。同時，要培養客房服務人員愛護設備的自覺性和責任心，鼓勵職工不僅要高質量、高水準地做好服務接待工作，而且要高質量、高水準地把客房設備保養好、管理好。

（二）客房設備的資產管理

客房部要對本部門的設備情況有明確的瞭解，正確掌握設備調進調出和使用狀況，就有必要進行設備管理。

設備作為一個經濟概念，可分為固定資產和低值易耗品。它在性能上也有各種不同的用途，因此要按一定的分類法，進行分類編號，使每件設備都有分類號，以便加強管理。

建立設備檔案制度，由設備部門建立設備檔案、設備卡片。當客房部得到設備後，也要建立設備卡片，與設備部門、財務部門的檔案相一致，以便核對、控制。以後設備發生修理、變動、損壞等都應在檔案卡片及財務帳冊上做好登記，設備的使用狀況也要做好記錄，以便設備部門全面掌握設備的使用情況。

客房設備檔案包括裝修資料、歷史檔案、工作計劃表三部分。

1.客房裝修資料

（1）客房裝飾情況表。該表（見表5-1）要求將家具什物、地毯織物、建築裝飾和浴室材料等分類記錄下來，並註明其規格特徵、生產廠家及裝修日期等。根據各自飯店的具體情況，此表可予以補充或修改。

表5-1 客房裝飾情況表

A

家具飾物

飯店＿＿＿＿＿　區域＿＿＿＿＿　房號＿＿＿＿＿

項　目	規　格	製造商	日　期
床墊床架			
床頭板			

續表

項　目	規　格	製造商	日　期
梳妝檯			
書　桌			
床頭櫃			
桌　子			
躺　椅			
書桌椅			
沙　發			
行李櫃			
檯　燈			
床頭櫃燈			
地　燈			
畫			
鏡　子			
呼叫鈴			
陽台家具 一椅子 一桌子			
花　具			

B

織物和地毯

飯店__________　　區域__________　　序號__________

項　目	規格特徵	製造商	日　期
裝飾簾 遮光簾			
窗　簾			
床　罩			
躺　椅			
書桌椅			
沙　發			
行李架			
地　毯 小地毯			
浴　簾 浴　墊			

C

建造裝修

飯店＿＿＿＿＿　區域＿＿＿＿＿　房號＿＿＿＿＿

項　目	規格特徵	製造商	日　期
天花板			
空調飾板和吊頂			
牆　壁			
地板踢腳線			
窗　架			
房　門			
衛生間門			
壁櫥門			
門　框			
其　他			

D

盥洗室

飯店＿＿＿＿＿　區域＿＿＿＿＿　房號＿＿＿＿＿

項　目	規格特徵	製造商	日　期
地　磚			
壁　磚			
牆　壁			
天花板			
梳妝台			
鏡　子			
附　件			

（2）樓層設計圖。表明飯店共有多少類型的客房，其確切的分布情況和功能設計等。

（3）織物樣品。壁紙、床罩、窗簾、地毯等各種裝飾織物的樣品都應作為存檔資料。如果由於原來選用的材料短缺而採用過其他材料作為代用品，則也應保留一份這種替代品的樣品存檔。

（4）照片資料。每一種類型的客房都應保留有如下資料：床和床頭櫃的布置；座椅安排格局；寫字檯、行李櫃布置；浴室地面和牆面：水暖器件、電器等；套房的起居室和餐室、廚房等。

（5）客房號碼。根據客房的類別和裝飾特點，分別列出客房號碼的清單。

以上這些資料一旦做好後，還應根據新的變化而予以補充和更新，否則將逐漸失去其意義。

2.客房歷史檔案

所有客房，甚至公共區域，都應該設有歷史檔案（見表 5-2）。它包括：有哪些家具什物、其裝修或啟用日期、規格特徵和歷次維修保養記錄等。

表5-2 客房歷史檔案

客房維修保養記錄　　序號________

油漆及牆面			
	油　漆（日期）	油漆色調	牆面清洗（日期）
整個房間			
衛生間			
天花板			
牆　壁			
壁　櫥			
散熱器			
地　毯			
新鋪（年月）			
洗滌（日期）			
用品目錄			
項　目	編　號	說　明	
地　毯			
帷　簾			
床　罩			
床			
梳妝檯			

續表

用品目錄		
項　目	編　號	說　明
書　桌		
組合檯		
書桌椅		
方　凳		
扶手椅子		
沙　發		
畫		
行李架		
鏡　子		
床頭櫃		
咖啡檯		
茶　几		
字紙簍		
窗簾框		
檯　燈		

3.工作計劃表

在客房部經理辦公室應設有一份工作計劃表，上列那些需要安排特別工作的房號或區域，如大維修或更換物件、重新裝修等，待所列的工作完成後則登錄到相應的檔案記錄中，再換上新的內容。

（三）客房設備的更新改造

客房部應與工程設備部門一起制定固定資產定額，設備的添置、折舊、大修和更新改造計劃，以及低值易耗品的攤銷計劃，減少盲目性。

一切設備無論是由於有形磨損還是無形磨損，客房部都應按計劃進行更新改造。在更新改造設備時，客房部要協助設備部門進行拆裝，並盡快熟悉設備的性能和使用、保養方法。

為保證飯店的規格等級和格調一致，保持並擴大對客源市場的影響力，多數飯店都要對客房進行計劃中的更新，並對一些設備用品實行強制性淘汰。這種更新計劃往往包括常規修整、部分更新、全面更新三項。

1.常規修整

這項工作一般每年至少進行一次。其內容包括：

（1）地毯、飾物的清洗；（2）牆面清洗和粉飾；（3）常規檢查和保養；（4）家具的修飾；（5）窗簾、床罩的洗滌；（6）油漆。

2.部分更新

客房使用達5年時，即應實行更新計劃。它包括：

（1）更換地毯；（2）更換壁紙；（3）沙發布、靠墊等裝飾品的更新；（4）窗簾、帷幔的更換；（5）床罩的更換。

3.全面更新

這種更新往往10年左右進行一次。它要求對客房陳設、布置和格調等進行全面徹底的改變。其項目包括：

（1）櫥櫃、桌子的更新；（2）彈簧床墊和床架的更新；（3）座椅、床頭板的更新；（4）燈具、鏡子和畫框等裝飾品的更新；（5）地毯的更新；（6）壁紙或油漆的更新；（7）浴室設備的更新，包括牆面和地面材料、燈具和水暖器件等。

以上所列的計劃將根據各飯店的具體情況予以提前或到期實施；但若延期實施，則應警惕可能出現補漏洞式的跑馬工程和飯店規格水準下降或不穩定。

三、客房設備配置的新趨勢

客房作為飯店出售的最重要有形商品之一，設備設施是構成其使用價值的重要組成部分。科學技術的發展及賓客要求的日益提高促使酒店客房設備配置出現了一些新的變化趨勢，這些變化趨勢主要體現在人性化、家居化、智慧化和安全性等幾個方面。

（一）人性化趨勢

作為現代化的酒店，「科技以人為本」的原則在客房設備配置上也應體現出來。以人為本就是要從賓客角度出發，使客人在使用客房時感到更加方便，感受更加舒適。比如，傳統的床頭控制板正在面臨淘汰，取而代之的是以「一鈕控制」的方式。又如，客房中的連體組合型家具不但使用起來不方便，而且使得飯店客房「千店一面」，而分體式單件家具則可以使客房獨具特色，而且住宿時間稍長的賓客還可按自己的愛好、生活習慣布置家「居」。

（二）家居化趨勢

家居化趨勢主要體現在以下幾個方面：

首先是客房空間加大，浴室的面積更是如此。

其次是透過客用物品的材料、色調等來增強家居感。比如多用棉織品、手工織品和天然纖維編織品，普遍放置電熨斗、熨衣板；浴室浴缸與淋浴分開，使用電腦控制水溫的帶沖洗功能的馬桶。

另外，度假區酒店更是注重提供家庭環境，客房能適應家庭度假、幾代人度假、單身度假的需要。兒童有自己的臥室，電視機與電子遊戲機相連接等。

（三）智慧化趨勢

可以説智慧化趨勢的出現將人性化的理念體現的最為淋漓盡致。因為在智慧化的客房中，賓客可以體驗如下美妙感受：客房內將為客人提供網路瀏覽等Internet服務，客人所需一切服務只要在客房中的電視電腦中按鍵選擇即可；客人更可以坐在螢幕前與商務夥伴或家人進行可視的面對面會議或交談；賓客可以將窗戶按自己的意願轉變為美麗的沙灘、遼闊的大海、綠色的草原；還可在虛擬的客房娛樂中心參加高爾夫球等任何自己喜愛的娛樂活動；房間內的光線、聲音和溫度都可根據客人個人喜好自動調節。真可謂無所不能。

（四）安全性日益提高

安全的重要性是不言而喻的，但這需要更加完善的安全設施加以保障。比如，客房樓道中的微型監控系統的應用；客房門採用無鑰匙門鎖系統，客房將以客人指紋或視網膜鑑定客人的身分；客房中安裝紅外線感應裝置，使服務員不用敲門，只需在工作間透過感應裝置即可知客人是否在房間，但卻不會顯示客人在房間中的行為。另外，床頭櫃和浴室中安裝緊急呼叫按鈕，以備在緊急情況下，酒店服務人員與安保人員能及時趕到，這些設施大大增強了客房的安全性，同時，又不會過多打擾客人，使客人能擁有更多的自由空間而又不必擔心安全問題。

第二節 客房用品的控制

客房用品又可稱日常客用品，主要是供客人使用的生活資料。在客房部的費用中，客房用品的耗費要占較大的比重，但伸縮性卻很大。因為它涉及的品種多，使用的頻率高，數量大，又加上這些用品具有很強的實用性，是每個人都用得上的生活材料，故容易遺漏的環節也多。所以，加強客房用品的控制，是客房物資用品管理最重要的一環。

一、客房用品的分類和選擇

（一）客房用品的分類

1.按消耗形式劃分

（1）一次性消耗品。如茶葉、衛生捲紙、信封、洗浴液、香皂、化妝用品等。這些用品是一次消耗完畢完成價值補償。

（2）多次性消耗品。如床上布件、浴室「五巾」、飯店宣傳用品、衣架等。這些用品可連續多次供客人使用，價值補償要在一個時期內逐漸完成。

此種分類方法有利於客房部分類、分項制定客用品的消耗定額，加強客房部物資用品的控制。

2.按供應形式劃分

（1）客房供應品。即上面所說的一次性消耗用品。客房供應品是客人可以帶離飯店的東西，包括：香皂、洗衣袋、禮品袋、鞋擦、文具、一次性拖鞋、洗浴液、洗髮液、牙具、淋浴帽、梳子、衛生捲紙、火柴、面紙、茶葉、針線包、圓珠筆、明信片等。

不同飯店對客房供應品的範圍作了不同的規定。有些豪華飯店的供應品還包括指甲具、一次性刮鬍刀、糖果、鮮花，等等。

（2）客房備品。這類物品放在客房或在客房內使用，一般不允許客人帶走，但卻常常被客人當做紀念品帶走。客房備品包括：衣架、浴室防滑墊、棉織品、茶水具、酒具、煙灰缸、服務夾，等等。

（3）賓客租借物品。這類物品一般不放在房內，而是存放在客房服務中心，供客人臨時需要而借用的。有不少客人特別是女客，常會向飯店借用各種用品，如：吹風機（現有不少飯店已在房內配備）、熨斗、熨衣板、冰袋、急救袋、泡沫枕頭、床板，等等。因此，客房部應準備這類物品，以滿足客人的需求，同時需有一套制度，以保證這些借用物品的歸還。

客房備品和賓客租借物品都屬於多次性消耗用品。此種分類方法有利於客房用品的分類保管和使用。

（二）客房用品的選擇原則

由於客房物品種類繁多，因而在其選擇時必須堅持如下四項原則：

（1）實用。客房用品是為了方便客人的住店生活而提供的，因而物盡其用是其初衷。

（2）美觀。美觀而大方的客房用品布置在清潔舒適的客房裡，其本身就令人賞心悅目。反之，則有粗糙、貶值之感。

（3）適度。客房用品應能夠體現飯店的等級並突出其風格，而不是種類越多越好。

（4）價格合理。現在，客房用品供應商越來越多，作為用戶可以從好中選優、優中選廉。因為客房用品的耗量很大，故價格因素不能忽略。

根據這些原則，我們可以總結出一些有規律性的東西來，如：

（1）香皂的重量一般要達到20克以上，最好能30克左右。太小的香皂使用起來不方便，可能會給客人帶來不好的印象。此外，應選用質地細膩、無刺激性及不易受潮發軟的香皂。

（2）牙具應選用牙膏、牙刷配套包裝的，而嵌裝式接柄牙刷因不便使用而應予以避免。

（3）垃圾桶以選用拒水、阻燃材料的為佳。

（4）刮鬍刀與指甲具易受潮生鏽，如果有必要設此類用品，則應考慮其防鏽性能，並注意進貨量和存貨期。

（5）擦鞋布以口袋形的較受歡迎。

（6）衣架數應達到每位客人不少於6支，其中設3支西服衣架、3支可掛裙裝的衣架，如果有帶夾子的衣裳架當然更佳。此外，為減少損耗，掛槽式衣架頗為理想。

（7）信封的規格應掌握好，無論平信或航空，其規格最大為120×235（mm），最小為90×140（mm）。中國國內用的信封還應在其左上角印有6個紅色的郵遞區號格。

（8）明信片的規格範圍為：90×140～105×145（mm）。

（9）服務指南除了內容要盡可能齊全外，其格式最好採用階梯式長短頁，以突出目錄，查看時更為清楚和方便。

（10）煙缸宜選用直壁式淺煙缸，以方便清洗。

（11）火柴劃著後不應有煙塵漂浮，規格大小以35×55（mm）左右為宜。

（12）針線包應備有紅、白、黑色等多種顏色的滌綸絲線。針的號數不宜過小，否則穿線困難。此外，針較易生鏽，故不宜大批量和長時間貯存。

總之，客房用品不僅種類多，而且也在不斷的篩選和改進中。我們在選擇時應遵循上述四條原則，並結合工作經驗和具體情況來進行。有時，別出心裁的選擇可以收到意想不到的效果。如：南京金陵飯店在客房中提供了小袋裝的洗衣粉，這不僅為客人洗內衣等小物件解決了困難，同時還節省了香皂的發放量。

二、客房用品消耗定額的制定

（一）一次性消耗品的消耗定額

制定客用品消耗定額，就是以一定時期內，為完成客房接待任務所必須消耗的物資用品的數量標準為基礎，將客用品消耗數量定額加以確定，並逐月分解和落實到每個樓層來加強計劃管理，善用客用物品，達到增收節支的目的。

一次性消耗客用品定額的制定方法，是以單房配備為基礎，確定每天需要量，然後根據預測的年平均出租率來制定年度消耗定額。其計算公式如下：

$$A=B\times x\times f\times 365$$

公式中：A＝單項客用品的年度消耗定額；B＝單間客房（標準房為準）每天配備數量；x＝客房數；f＝預測的年平均出租率。

確定定額標準後要按定額進行供應，滿足需要。如果有額外需要的客人，也應滿足供應。同時，對各樓層消耗不足和超額消費的物品可內部調撥，儘量使在單位時間內接待的總人次的過夜數的物品消耗總量不突破指標。

（二）多次性消耗品的消耗定額

多次性消耗用品定額是指在飯店客房正常運轉條件下，客用多次性消耗品的年度更新率的確定。客房棉織品，即布件、毛巾等是客房部使用頻率最高、數量最多的多次性消耗品。客房棉織品消耗定額的制定，是控制客房費用的重要措施之一。其定額的確定方法，首先應根據飯店的星級或等級規格，確定單房配備數量，然後確定棉織品的損耗率，即可制定消耗定額。計算公式如下：

$$A=B\times x\times f\times r$$

公式中：A＝單項棉織品年度消耗定額；B＝客房單間配備套數；x＝客房數；f＝預測的年平均出租率；r＝單項棉織品年度損耗率。

三、客房用品的日常控制

客房部對客用品的日常控制，一般採取三級控制的方法。

（一）樓層領班對服務員的控制

1.透過工作表控制服務員消耗量

樓層領班透過服務員做房報告控制每個服務員領用的消耗品，分析和比較各服務員在每房、每客的客用品的平均耗用量。服務員按規定數量和品種為客房配備和添補用品，並在服務員工作表上做好登記。領班憑服務員工作表對服務員領用客用品情況進行核實，防止服務員偷懶或剋扣客人用品據為己有。

2.檢查與督導

領班透過現場指揮和督導，減少客用品的浪費和損壞。

督導服務員在引領客人進房時，必須按服務規程介紹房間設備用品的性能和使用方法，避免不必要損壞。督導和檢查服務員清掃房間的工作流程，杜絕員工的野蠻操作。例如，少數員工在清潔整理房間中圖省事，將一些客人未使用過的消耗品當垃圾一掃而光，或者亂扯亂扔客房用品等，領班應及時對其加強愛護客用品的教育，儘量減少浪費和人為的破壞。

（二）建立客用品的領班責任制

各種物資用品的使用主要是在樓層進行的，因此，使用的好壞和定額標準的掌握，其關鍵在領班。建立樓層客用品的領班責任制，是客房部對物資用品的第二級控制。

（1）樓層配備物資用品管理人員，做到專人負責。樓層可設一兼職的行政領班和一名業務領班。行政領班負責樓層物資用品的領發和保管，同時協助業務領班做好對服務員的清潔、接待工作的管理。小型飯店則不設行政領班，而由樓層領班兼管物資用品的保管和領發工作。

（2）建立樓層家產管理檔案。平時如有家產增減或移動，必須由樓層主管或經理批准，並由樓層主管在家產登記卡上進行更改，以加強領班的責任心。

（3）領班每天匯總本樓層消耗用品的數量，向客房部匯報。

（4）領班每週日應根據樓層的存量和一週的消耗量開出領料單，交客房中心庫房。

（5）每月底配合客房中心庫房的物品領發員盤點各類用品。

（6）隨時鎖好樓層小庫房門，工作車按規定使用。

（三）客房部對客用品的控制

客房部對全飯店各樓層客房用品的控制，可以從兩個方面著手。一是透過客房中心庫房的管理員（物品領發員），負責整個客房部的客用品領發、保管、匯總和統計工作。二是樓層主管應建立相應的規範和採取措施，使客用品的消耗在滿足業務經營活動需要的前提下，達到最低限度。這就是第三級控制。

1.中心庫房對客用品的控制

設立客房部中心庫房的飯店，可由中心庫房的物品領發員或客房服務中心對客房樓層的客用品耗費的總量進行控制。負責統計各樓層每日、每週和每月的客用品使用損耗量。結合客房出租率及上月情況，製作每月客用品消耗分析對照表。

2.樓層主管對客用品的控制

樓層主管或客房部經理對客用品的控制，主要是透過制定有關的管理制度和加強對員工的思想教育來實現的。

3.防止客人的偷盜行為

這就要求飯店實行訪客登記制度，盡可能少設置出口通道，對多次性消耗用品，如煙缸、茶杯、茶葉盒等，可標上飯店標誌，管理好工作車，將衣架固定起來，等等。

第三節 布件的管理和控制

一、布件的分類和選擇

布件又稱為布草或棉織品。在飯店的經營活動中，它不僅被作為一種日常生活必需品提供客人使用，而且被用於裝飾環境、烘托氣氛等。

（一）布件的分類

按照用途來劃分，飯店的常用布件可分為四大類：

（1）床上布件：床單、枕套等；

（2）浴室布件：方巾、面巾、浴巾、地巾等；

（3）餐桌布件：桌布、餐巾等；

（4）裝飾布件：窗簾、椅套、裙邊等。

（二）床上布件的選擇

床上布件主要指床單和枕套，其選擇主要在於其質量與規格。一般情況下，飯店宜選用全白的床單與枕套（漂白或本白）。這不僅是因為白色看起來清潔和舒適，還在於其易於洗滌和保養。如果選用了有色高級布件，則應考慮到其使用成本問題，包括洗滌劑的選用等。

1.質量要素

床單和枕套的質量主要取決於以下要素：

（1）纖維質量。如果所用的紡織纖維比較長，則紡織出來的紗就比較均勻、條幹好、強力高。這反映在使用上即為耐洗、耐磨。

（2）紗的捻度。紗紡得緊一些，則使用中不易起毛，強度也比較好。

（3）織物密度。密度高而經緯分布均勻的織物則比較耐用。用做床單的織物密度一般為288×244根／10平方公分，高級的可超過400×400根／10平方公分。

（4）斷裂強度。一般情況下，織物的密度高則其強度就高。

（5）製作工藝。捲邊要平整、夠寬。針腳要直而密，縫線的牢度要夠。通常，床單和枕套的針腳密度應分別達到每5cm16　針和28　針；其針腳牢度可用針挑試，特別是枕套要能耐反覆裝拆枕芯的拉扯。

此外，床單和枕套的舒適與美觀是選購時所關注的一個重要方面。一般來説，50/50與65/30的滌棉混紡床單不僅具有棉布的舒適性，而且易洗快乾、抗皺、挺括，其耐洗性能也大大提高。

2.規格尺寸

床單和枕套的規格尺寸主要依據床及枕芯的大小來決定；同時，它們也受到質地和用戶的愛好等因素的影響。

（1）床單。即使是同一種類的床單，其尺寸也可能有所不同，為了簡化布件的管理、提高工作效率，不少飯店都盡可能地減少不同的規格種類，如將大號床單與雙人床單合二為一。為便於識別不同規格的床單，要求廠商在床單邊沿做不同顏色的記號等。

下面是四種不同規格的床單的常用尺寸：

單人床單　1.6×2.44m～1.82×2.64m

雙人床單　2.09m×2.64m

大號床單　2.29m×2.79m～2.29m×2.92m

特大號床單　2.74m×2.79m～2.74m×2.92m

需要指出的是：如果可能的話，盡可能不要選用太大的床單，這樣不僅節省資金，而且方便了鋪床操作和洗滌保養。一般情況下，床單的長和寬只要多出床墊規格的60～70cm即可。

（2）枕套。通常，枕套的寬度要比枕芯多出　2～5cm，長度要多出　20～23cm。這可使枕芯易於裝入並可將多餘的枕邊反折進枕套裡，以使枕套顯得比較飽滿和挺括。下列枕芯、枕套的規格（cm）可能比一些飯店使用的要寬一些，但卻比較舒適及符合歐美人的生活習慣。

標準號枕芯	51×66	枕套	53×89
大號枕芯	51×76	枕套	53×99
特大號枕芯	51×92	枕套	53×112

當然，為了方便管理和減少規格品種，可不必按照床的大小來做不同規格的枕芯和枕套，只需增加使用數量即可。

（三）浴室布件的選擇

傳統的浴室布件是面巾、浴巾、披巾三件套，但現在講究一點的飯店還要加放小方巾。這樣，加上地巾就組成了浴室「五巾」。由於它們基本上屬毛圈織物，故都可統稱為毛巾。飯店業有一種說法：房價跟著毛巾走。姑且不論其是否完全確切，但越高檔的飯店所用的毛巾越舒適、講究。

1.質量要素

浴室毛巾的質量要求基本上可以用六個字來概括，即「舒適、美觀、耐用」，而要達到這一要求則主要取決於以下因素：

（1）毛圈數量和長度。通常，毛圈多而且長，則其柔軟性好、吸水性佳，但毛圈太長又容易被鉤壞，故一般毛圈長度在3mm左右。因為毛越長則分量越重，所以人們往往用分量來作為衡量毛巾優劣的一個要素。

（2）織物密度。毛巾組織是由地經紗、緯紗和毛經紗組成。地經紗和緯紗交織成地布，毛經紗則與緯紗交織成毛圈，故緯線愈密則毛圈抽絲的可能性也越小。

（3）原紗強度。地經要有足夠的強度以經受拉扯變形，故較好的毛巾地經用的是股線，毛經是雙根無捻紗，這就提高了吸水和耐用性能。

（4）毛巾邊。毛巾邊應牢固平整，每根緯紗都必須能包住邊部的經紗；否則，邊部很容易磨損、起毛。

（5）縫製工藝。與床單和枕套一樣，也要查看其折邊、縫線、針腳等。

2.規格尺寸（單位為 cm）

（1）方巾。這是一種正方形的小毛巾，又名汗巾，適宜作擦手、擦臉之用。它有如下規格可供選用：20×20，26×26，28×28，30.5×30.5，33×33 等。需要說明的是，方巾在使用過程中極易流失且淘汰較快，故選用時應考慮到營業成本。

（2）面巾。這是一種以洗臉為主的長方形毛巾，又稱為毛巾。其規格尺寸有：32×76，34×78，32×92等。

（3）小浴巾。主要用來淋浴擦洗，與面巾外形相仿。尺寸有許多可供選用：

28×46，40×65，46×64，46×92，34×100等。

（4）大浴巾。大浴巾主要用來浴後擦身、遮體，因而又稱為「披巾」。其吸水性能特別高，規格尺寸也有多種：51×102，56×112，61×122，68×137，76×152，96×132等。

（5）地巾。地巾稱為腳巾、腳墊。它是採用粗號紗織制的高密度、高厚度毯狀織物，用於浴室地面，起清潔、防滑、保溫、裝飾作用。地巾有毛巾與簇絨地巾之分，常見的有長方形和橢圓形，單面絨毛的地巾往往還塗有乳色背膠。一般尺寸為：40×70，50×70，50×80等。

二、布件的管理和控制

客房、餐廳及其他部門每天需要提供大量的布件，而客人對布件的質量往往要求很高，布件的內在質量和外觀清潔程度，直接影響到飯店的服務質量和規格。同時，由於飯店布件使用量大，容易損耗，因此，做好布件管理，從經濟效益上看也是十分重要的。

（一）核定各布件的需要量

各布件的需要量，應當根據每個飯店的等級，以及各類客房床位數量、餐廳種類、餐桌座位數及桌布替換率等來核定。在此基礎上，本著既要保證經營需要，又要保持最低的消耗和庫存周轉量的原則，確定各類布件配置的件數和套數。

1.在用布件

在用布件即投入日常使用及供周轉的那部分布件。在確定數量時，要考慮到如下要求：必須能夠滿足飯店客房出租率達到100%時的周轉需求；要能夠滿足飯店客房一天24小時營運的使用特點；必須能夠適應洗衣房的工作制度對布件周轉所造成的影響；要能適應飯店關於客用布件換洗的規定和要求；必須考慮到規定的布件調整、補充週期及可能會發生的周轉差額、損耗流失量等；最好能讓洗熨出來的布件有一段擱架保養的時間。

2.備用布件

備用布件是指存入總庫以備更新、補充用的布件，它又可稱之為庫存布件。備用布件量要根據以下因素考慮決定：預計更新的速度和數量；預計流失布件的補充情況；是否有更換布件品種、規格等的計劃；訂製或購買新布件所需的時間；現有庫房貯存條件的適應性；資金占有的損益分析等。

在對以上情況進行逐一分析之後，最終要購買的布件數量也就基本上出來了。當然，這一工作需要客房部經理會同採購部經理、財務部經理商定之後，報總經理批准才告一段落。

通常，需要多少布件數量以「套」來表示。不管是哪一種布件，只要能按飯店制定的布置規格將所有客房都布置齊全，其需要的量就稱之為一套。一般的飯店都至少擁有每床3套以上的布件，它們一直在客房、洗衣房、中心布件房、樓層布件房之間周轉；其餘的都存入新布件庫房。

總之，庫存布件不宜過多，但消耗較快的品種卻不必拘泥於要與別的品種套數一致。如：小方巾流失大、淘汰快，如果不是隨時能在市場買到的話，不妨多備幾套。枕套通常也要比床單多備一些。

（二）控制好布件的數量和質量

在客房部日常使用布件的過程中，要建立起有關的制度，設計有關的工作程序，確定有關的控制方法，控制好布件的數量和質量。

1.布件存放要定點定量

在用布件除在客房裡有一套之外，樓層布件房應存放多少、工作車上要布置多少、中心布件房要存放多少、各種布件的擺放位置和格式等，這些都應有一定的規矩。有了統一的規定，員工就可以有章可循。平時，只要核對一下數量多少就可知道有沒有發生差錯，用起來夠不夠。這樣，工作效率可以得到提高，員工的責任心也會相應的加強。

2.建立布件收發制度

客房部、餐廳部等部門要求領用布件，必須填寫申領單（見表 5-3）。領用數量控制的原則是送洗多少髒布件和換洗多少乾淨布件。所以，送洗的數量應填表列明，洗衣房收到並予以複算後簽字認可，申領者方可去中心布件房領到相同品種和數量的乾淨布件。如果申領者要求超額領用，應填寫借物申請並經有關人員批准。如果中心布件房發放布件有短缺，也應開出欠單，作為以後補領的依據。

表5-3 每日布件申領（換洗）單（餐廳用）

飯店

致客房部:　　　　日常餐飲布件換洗單　　　　日期　　年　月　日

	顏　色	布件尺寸	送洗布件數	洗衣服收數	布件房發數
餐巾	綠　色	22″×22″			
	紫　色	21″×22″	39	39	39
	紫　色	12″×12″			
	珊瑚色	22″×22″			
	紅　色	22″×22″			
	粉紅色	22″×22″			
	白　色	22″×22″	2	2	
檯布	棕　色	54″×78″	8	8	8
	棕　色	54″×54″	1	1	1
	棕　色	43″(*R*)			
	珊瑚色	90″×90″			
	珊瑚色	81″×81″			
	紅　色	90″×90″			

續表

布件	顏　色	布件尺寸	送洗布件數	洗衣房收數	布件房發數
檯布	綠　色	64″ × 64″			
	粉紅色	90″ × 90″			
	粉紅色	70″ × 70″			
	粉紅色	54″ × 94″			
	粉紅色	54″ × 84″	1	1	1
	白　色	54″ × 94″			
	白　色	54″ × 84″			
	綠　色	24″ × 13″			
	綠　色	14″ × 18″			
廚房抹布	白　色				
服務巾	白　色	18″ × 24″	1	1	1
拭杯巾	白　色	20″ × 30″			

注意：餐巾每 10條紮成一捆，桌布每5條紮成一捆，玷汙布件要單獨分開。

換洗時間：每日上午9：30及下午3：00

申領人：

發件人：

收件人：

在日常布件送洗和分發過程中，布件房要做逐件清點檢查，在保證進出的布件數量正確的同時，要做好質量把關。在每天清點布件的過程中，凡是有汙點或破損的布件都要及時送還重洗或作廢處理，以保證布件的質量。洗衣房送來的布件，要分門別類堆放整齊，以方便發放和清點存貨。

（三）確定各類布件的更新率

更新率是指布件每次替換數量占原有布件總數的百分比。由於飯店的等級不同，服務水準和規格不同，布件更新率不可能完全一樣。飯店規格越高，對布件要求也越高。布件更新的時候，一般採用以舊換新的辦法。為了便於識別，可以在布件上印字，註明更新的批次。布件房收回舊的布件後，要視情況分別予以處理。凡能利用的就要加以利用，但不能和在用的布件混雜在一起。報廢的布件可以改製成小床單、抹布、枕套、盤墊等（報廢記錄單見表5-4）。

表5-4 布件報廢記錄單

品名＿＿＿＿＿　規格＿＿＿＿＿　填報人＿＿＿＿＿

報廢原因	數量					報廢總數
年限已到						
無法縫補						
無法去跡						
其他						

累計＿＿＿＿＿

（四）定期進行存貨盤點

布件房應對布件分類，同時登記實物數量和金額，並設「在庫」和「在用」科目，分別控制實物和樓面在用數量。在設立帳卡的基礎上，布件房要每月或每季度進行一次存貨盤點。這個制度不僅是為了控制不見的數量，而且也是為了方便會計核算。在對布件盤點的基礎上，進行統計分析能及時幫助客房部管理人員發現存在的問題，堵塞漏洞，改進管理工作（見表5-5）。

表5-5 布件盤點統計分析表

部門________　　　　盤點日期________　　製表人________

品名	額定數	客房		樓層布件房		洗衣房		中心布件房		盤點總數	報廢數	補充數	差額總數	備註
		定額	實盤	定額	實盤	定額	實盤	定額	實盤					

三、布件的保養及貯存

（一）布件的保養

布件的保養必須貫穿於貯存與使用的始終，除了前文中已經提及的有關要求外，還應注意如下幾點：

（1）備用布件不宜一次購買太多，存放時間太長布件的質量會有較明顯的下降。

（2）備用布件應遵循「先進先出」的原則投入使用。如能在布件邊角上做A、B、C之類的標記以表明其投入使用的批次，則不僅有利於跟蹤分析其使用狀況，而且方便了布件的定期更新工作。

（3）新布件應洗滌後再使用。這不僅是清潔衛生的需要，也有利於提高布件強度和方便使用後的第一次洗滌。

（4）剛洗滌好的布件應在貨架上擱置一段時間以散熱透氣，這可以延長布件的使用壽命。

（5）要消除汙染或損壞布件的隱患，如：將布件隨便丟在地上，收送布件時動作粗魯，布件中夾帶別的東西，布件車、架等不乾淨或表面粗糙、有鉤刺等。

（二）布件的貯存

布件應該存放在一個合適的環境中，不管是樓層布件房、中心布件房或備用布件房，它們都應具備下列條件：

（1）具有良好的溫度和濕度條件。用做貯存的庫房其相對濕度不能大於50%，最好能控制在40%以下；溫度以不超過20℃為佳。

（2）通風良好，以防止微生物繁衍。

（3）牆面材料應經過良好的防滲漏、防霉蛀預處理，地面材料以PVC石棉地磚為好。

（4）在安全上，房門應常鎖，限制人員的出入，並要做經常的清潔工作和定期的安全檢查，包括檢查有無蟲害跡象、電器線路是否安全等等。

（5）布件要分類上架擺放並附貯量卡（見表 5-6）。布件庫不應存放其他物品，特別是化學藥劑、食品等。

（6）長期不用的布件應用布兜罩起來，以防止積塵、變色。否則，嚴重的汙染可能導致布件領用後難以洗滌乾淨。

表5-6 備用布件貯量卡

規格	單價	項目					最高限量	最低限量	
日期	摘要	進	出	結存	日期	摘要	進	出	結存

第四節 客房成本費用預算的編制

預算是全年經營活動的指南。預算的含義非常廣泛，但有一點非常清楚，即它是對一年或兩年時間內其開支的一種估計和測算。作為一名真正合格的客房管理人員，必須既能出色的承擔本部門的管理工作，又能洞察整個飯店的經濟效益狀況。如：具備制定預算和瞭解整個飯店經營活動的能力，這是客房管理工作者改善經營活動的基本條件，對勞動力、客房維修和設備更新需求的預測更是客房經營成敗的關鍵。

預算的編制應力求謹慎，一旦制定出來它就是必須成為指導日常開支的綱領性文件，從這個角度講，預算可以看做是整個客房經營管理工作的基礎。

一、編制預算的依據

（1）飯店整個計劃期內的經營預測，比如從客房部角度而言，未來一年的出租率情況、營業收入指標等。

（2）飯店經營的歷史資料。如前期的營業收入、出租率等情況。

（3）客房部設備設施、勞動力現狀及趨勢。比如，設備設施的使用年限及其磨損、報廢情況，勞動力的構成比例、流動情況，未來物價、薪資水準的變化等。

二、編制預算的原則

（一）分清輕重緩急

制定預算時，所有預算項目必須分清輕重緩急，按以下先後次序排列：

第一優先：來年絕對必須購置的項目。

第二優先：增加享樂程度和外觀的新項目。

第三優先：未來兩年內需要添置的項目。

飯店在開業三年以後，就要開始考慮對某些設施進行更新、改造和重新裝飾，這些更新項目往往占了預算開支的一大部分，但是如果能將過去所購物品的購買和使用時間記錄在案，那就會給客房管理人員的年度資金預算計劃提供方便。

（二）講究實事求是

預算必須實事求是，按照客房部的實際狀況和經營需要確定，否則，如果客房管理人員為了得到預期的金額而在預算上報了多出兩倍的金額，那麼，將來的實際開支就將是實際預算的兩倍。事實上，如果按輕重緩急序列制定預算，也沒有必要做這種「預算外的預算」。

（三）進行充分溝通

在絕大多數飯店，客房部門要負責整個飯店的家具配備工作，因此，客房管理人員必須與其他部門負責人（特別是工程維修部）保持聯繫，以便協商確定客房部與這些部門預算有關的統一開支款項。

三、編制預算的範例

（一）預算總表

表5-7 ××年客房部預算總表

單位：元

項　目	上年實際	上年預算	本年預算	備註（原因）
第一優先項目				預計今年出租率上升 9%：補齊缺編 10 名員工
工資	338 400	340 000	430 560	增加物價上漲因素(按 15% 計)
工作服	16 920	17 000	26 000	增加員工：今年需發皮鞋每人一雙（70 元/雙）
醫療費	25 560	23 560	27 960	240 元/人·年 × 104 人 + 3000 元重病超支保險費
床單			57 600	補充二套 30 元/床，急需補，否則會影響周轉
洗衣房洗滌劑	36 000	35 000	45 000	業務量增加，洗滌劑調價 15%(已接到通知)
客房、PA 洗滌用品	15 000	18 000	9 600	部分改用國產產品替代合資、進口產品
客房易耗品	245 000	230 000	226 000	去年還有一部分。3.3 元/間 × 240 間 × 82% 出租率 × 365 天 × 95% 消耗率
維修保養費	70 000	75 000	38 000	去年增加烘乾機一臺4萬元
第二優先項目				
清掃工具等	9 000	15 000	11 000	考慮上漲因素
臨時工工資	12 000	10 000	6 000	去年人事部租用的多，今年旺季用些臨時工(5～10 月)
差旅、培訓費	4 800	5 000	4 500	去年批量實習，今年少數幹部學習培訓
郵電通訊費	2 100	2 000	2 100	
第三優先項目				
辦公用品及印刷品	4 000	5 000	3 000	有些報表已夠用
員工生日及生病等	2 700	3 000	2 800	每個員工生日及病假達三天者的探望

續表

項　目	上年實際	上年預算	本年預算	備註（原因）
獎金	293 280	280 000	330 000	增加員工，業務增加，爭取增長10％
勞保用品	16 920	18 000	18 720	101人×15元/人·月×12個月
		累計	1 238 840	

說明：第一優先中，床單須在旺季之前（3月底之前）解決；工作服中夏季服裝及皮鞋在 5 月份前解決，冬季服裝在9月底解決。共需資金壹佰貳拾參萬捌仟捌佰肆拾元整，當否，請審批。

此致

呈：總經理室

客服部

（二）預算總表分解

為了做好預算的控制，還應對預算的有關項目按月進行分解（見表5-8）。

表5-8 客房預算總表分解

項　目	1月		2月		……		12月	
	本年	去年	本年	去年	本年	去年	本年	去年
工資								
客房用品								
清潔用品								
……								

四、預算的執行與控制

客房部年度預算一經批准，客房管理人員應嚴格執行，將經營活動控制在預算範圍之內。為此，管理人員必須對預算執行情況進行檢查，一般每年檢查不得少於兩次，最好是每月檢查一次，並填寫預算執行情況控制表（見表5-9）。

由於預測不可能準確無誤，所以預算指標與實際業務運行發生較大誤差是不足為奇的，可以透過修訂預算進行彌補。

在預算與實際狀況發生較大誤差時，客房部負責人應召集所有管理人員通報情況，尋找可行的辦法來消除因開支過大造成的赤字；或是尋找利用剩餘資金提高效益的其他途徑。

表5-9 預算執行情況控製表

項　目	本月實際		本年累計		
	本年	去年	本年	預算	去年
工　資					
清潔工具					
客房用品					
……					
直接開支合計					

第五節 客房成本控制與經營效益分析

飯店客房成本可分為固定成本和變動成本。客房固定成本是指在一定範圍內不隨銷量增減變化而變化的成本。客房變動成本是指隨銷量增減而同比例變化的成本。一定銷量程度的固定成本與變動成本之和就是總成本。

飯店客房部成本控制是指按照成本管理的有關規定和成本預算的要求，對成本形成的整個過程進行控制，以使客房部的成本管理由被動的事後算帳轉為比較主動的預防性管理。

一、客房成本控制的方法

客房成本控制的主要方法有預算控制、主要消耗指標控制和標準成本控制三種。

（一）預算控制

客房成本預算是客房部經營支出的限額目標。預算控制，就是以分項目、分階段的預算指標數據來實施成本控制。

這種方法的具體做法是：以當期實際發生的各項成本費用的總額及單項發生額，與相應的預算數據相比較，在業務量不變的情況下，成本不應超過預算。這裡，由於考慮到現實的情況與預算預計的情況有時並不絕對一致，因此往往需要事先進行幾個不同業務量水準上的預算數據的測算，編制出彈性預算，以使成本的實際發生額和預算數額兩者便於比較，而不能僅僅只有某一種業務量水準上的預算數據。當然，在彈性預算中，只有業務量和變動成本的變化，固定成本仍保持不變。因此，一般就以變動成本隨業務量變化而變化的幅度為依據，來確定彈性預算中業務量數值的檔距。

（二）主要消耗指標控制

主要消耗指標是指對飯店客房成本具有決定性影響的指標。主要消耗指標控制，也就是要對這部分指標實施嚴格的控制。只有控制住這些指標，才能確保成本預算的完成。

控制主要消耗指標，關鍵在於這些指標的定額和定率，不但定額或定率本身應當積極可行，而且一旦指標確定，就必須嚴格執行。此外，除這些主要消耗指標以外的其他指標，即非主要指標，也會對飯店的成本發生影響。因此，在對主要消耗指標進行控制的同時，也應隨時注意非主要指標的變化，一旦主要指標相對穩定，而非主要指標變化加大，那麼控制非主要消耗指標的意義就更大。例如，對客房可用品消耗定額的制定就是一種對主要消耗指標的控制：

一次性客用品消耗定額的制定方法，是以單房配備為基礎，確定每天的需要量，然後根據預測的年平均出租率來制定年度消耗定額。其計算公式為：

$$X=b\times c\times f\times 365$$

公式中：X＝單項客用品的年度消耗定額；b＝單間房（以標準房為準）每天配備數量；c＝客房數；f＝預測的年平均出租率。

確定定額標準後要按定額供應，以滿足客人需要。如果客人有額外需要，可視情況提供，但不能無限量供應，要儘量將實際消耗的客用品數量控制在定額範圍以內。

（三）標準成本控制

標準成本是指正常條件下某營業項目的標準消耗（註：只包括營業成本和營業費用，不分攤到部門的管理費用、財務費用除外）。標準成本控制，也就是以各營業項目的標準成本為依據，來對實際成本進行控制。

採用標準成本控制，可將成本標準分為用量標準和價格標準，以便分清成本控制工作的責任。由於用量原因導致實際成本與標準成本產生差異，應主要從操作環節查找原因；由於價格原因導致實際成本與標準成本產生差異，則應主要從採購環節查找原因。

比如，客房標準成本的計算可按以下公式進行：

$$C=b\times(1-tr)-m/x$$

公式中：C＝客房標準成本（指客房所有的成本費用）；b＝平均房價；tr＝營業稅金及附加的稅率；m＝目標利潤；x＝累計出租客房間數。

假設某飯店客房數為 168 間，平均房價 400 元，平均出租率 60%，目標利潤

1030萬元，營業稅金及附加的稅率為5.56%，則每間客房每天的標準成本為：

$$C = b \times (1 - tr) - m/x$$

$$= 400 \times (1 - 5.56\%) - 10\ 300\ 000/168 \times 60\% \times 365$$

$$= 400 \times 94.44\% - 279.95$$

$$= 97.81 \text{ 元}$$

以上是客房成本控制的主要方法。應當指出的是，除了對消耗階段的控制以外，還應注意加強客房物資採購、庫存階段的控制，即對物資採購的價格、到貨驗收、儲存、盤點等一系列環節進行嚴格的控制，以使客房成本控制工作更加全面、完善。

二、客房經營指標的類型

飯店客房經營狀況，通常從以下的一些指標中得到反映。

（一）客房出租率

客房出租率是表示飯店客房利用情況的重要指標。計算公式如下：

$$\text{客房出租率} = \frac{\text{已售客房數}}{\text{可出租的客房數}} \times 100\%$$

客房出租率是飯店經營者所要追求的主要經濟指標，象徵飯店的客源充足程度，反映經營管理成功的程度，飯店的盈虧百分比線就是用客房出租率來表示的。

（二）雙人住房率

雙人住房率就是二人租用一間客房數與飯店已售客房數之間的比率。計算公式如下：

$$雙人住房率=\frac{客人數-已售完客房數}{已售完客房數}\times 100\%$$

國際上許多飯店，一個標準房住兩位客人與單人住的房價是不同的，因此，注重雙人住房率，是飯店提高經濟效益，增加客房收入的一種經營手段。同時，瞭解雙人住房率對飯店管理者預測餐飲的銷售量、布件的需要量及分析飯店的平均房價都是十分有用的。

（三）平均房價

平均房價是指飯店每出租一間客房所獲得的平均客房收入。計算公式如下：

$$平均房價=\frac{客房房費總收入}{已售客房數}$$

飯店的客房收入與出租的客房數量及房價密切相關，所以平均房價對飯店經營管理者具有重要的參考價值。平均房價的高低受到許多因素的影響，如出租的客房類型、雙人住房率、白天房價以及房價折扣等。透過平均房價的分析，也可以反映出櫃臺銷售人員向客人出租高價客房的工作業績。

（四）客房收入率

客房收入率是指飯店每天的客房實際收入與潛在的最大客房收入之間的比率。計算公式如下：

$$客房收入率=\frac{實際客房房費總收入}{潛在的最大客房收入}\times 100\%$$

潛在的最大客房收入是指飯店透過出租客房所能獲得的最大房費收入。如某飯店共有100間標準客房，每間客房的公布房價是100元，則潛在的最大客房收入為100間×100元＝10000（元）。透過實際收入額和潛在收入額的比較，既可以反映出飯店經營效果，也可以反映出櫃臺員工銷售客房的工作業績。

（五）人均支付房價

人均支付房價是指每一個住客所平均支付的客房價格。計算公式如下：

$$人均支付房價=\frac{客房房費總收入}{客人數}$$

飯店的經營管理者通常對客人平均支付的客房價格尤感興趣，它為飯店確定目標市場、調整房價結構，提供了重要的參考價值。

三、客房經營效益分析及評價

客房經營效益，是指飯店在客房經營活動中，為了向客人提供客房產品而花費的物勞動和活勞動所共同取得的經營收益。講求和提高客房經營效益，是飯店管理者從事客房經營活動的基本準則。

（一）客房營業收入分析

影響客房營業收入的因素主要有客房出租率、公布房價和折扣率。客房出租率是影響客房營業收入的關鍵因素。一般來說，出租率越高，收入越高。公布房價是對外的公開報價，但飯店對不同的客人有時會給予不同的折扣，所以公布房價與平均折扣率相乘才是飯店實際收取的房價。在公布房價一定的情況下，平均折扣率越高，實際房價越低，收入也就越少；在平均折扣率一定的情況下，公布房價越高，實際房價越高，收入也就越多。

某飯店客房營業收入表

單位：元

項　目	1997 年 10 月	1998 年 10 月	差　異
客房數	400	400	0
出租率	78%	80%	2%
公布房價	125	120	－5
折扣率	90%	95%	5%
實際房價	112.5	114	1.5
收　入	1 088 100	1 130 880	42 780

從上表可以看出，該飯店10月份客房營業收入為　1130880元，比1997年10月增加了42780元，增長率為3.93%。要進一步説明造成收入增加的因素及影響程度，需要用因素分析法進行分析。

（1）出租率因素對收入的影響

400×31×（80%－78%）×125×90%＝27900（元）

由於出租率提高，使飯店1998年10月客房收入增加了27900元，占收人增加額的65.21%。

（2）公布房價因素對收入的影響

400×31×80%×（120－125）×90%＝-44640（元）

由於公布房價下降，使客房收入減少了44640元。

（3）折扣率因素對收入的影響

400×31×80%×120×（95%－90%）＝59520（元）

由於折扣率下降，使客房收入增加了59520元。

三項因素綜合起來對客房收入的影響為：

27900＋（-44640）＋59520＝42780（元）

即三項因素綜合起來使客房收入比1997年10月增加了42780元。

從上面的分析可以看出，造成客房營業收入增加的主要原因是出租率提高和房價折扣率下降。因此，為全面反映客房經營情況，不僅要重視客房出租率的高低，還要重視客房實際平均房價的高低。

（二）客房費用分析

客房費用分析，就是要解剖客房費用變化的原因，並針對問題採取措施。這是加強客房經營管理，提高客房經濟效益的重要手段。

某飯店客房部費用對照表

單位：元

項　目	1997 年 10 月費用	1998 年 10 月費用	差　異
工　資	8 000	8 000	
福利費	880	880	
低價易耗品推銷	56 500	57 000	500
電話租金	4 500	4 500	
服裝費及其他費用	3 000	3 000	
不變費用小計	72 880	73 380	500
消耗品	25 000	24 000	－1 000
水　費	8 000	9 000	1 000
電　費	18 500	20 000	1 500
燃料費	16 000	16 600	600
維修費	7 805	6 993	－812
洗滌費	13 000	11 000	－2 000
可變費用小計	88 305	87 593	－712
總　計	161 185	160 973	－212

從上表可以看出，該飯店客房部 1998 年 10 月費用比 1997 年 10 月減少 212 元，其中不變費用增加500元，是由於低值易耗品攤銷費增加所致；可變費用減少712元，是由於間天可變費用下降所致。間天可變費用的計算公式如下：

$$間天可變費用=\frac{計算期客房可變費用總額}{客房數量\times計算期天數\times出租率}$$

該飯店 1997年 10月間天可變費用為9.13元，1998年 10月可變費用為8.83元。如果用因素分解來表示可變費用總額的話，則可以寫成如下公式：

可變費用總額 ＝ 客房數量×計算期天數×出租率×間天可變費用

用因素分析法進行分析：

（1）出租率因素的影響

400×31×（80%－78%）×9.13＝2264（元）

由於出租率提高，使可變費用總額增加了2264元

（2）間天可變費用因素的影響

400×31×80%×（8.83－9.13）＝-2976（元）

由於間天可變費用降低，使可變費用總額減少了2976元。

兩項因素綜合起來使客房可變費用總額減少了712元。

飯店經營中，對客房間天可變費用常有定額。將兩年間天費用進行比較，可以發現經營管理中的問題或成績。

（三）客房利潤分析

客房利潤是指在一定時期內房價收入扣除稅金和費用後的餘額。其計算公式是：

客房利潤＝客房費用－稅金－費用

一般情況下，營業稅率是不變的，所以稅金是隨著營業收入的變化而變化的。因此，影響因素分析，有必要將收入與費用進行分解，這樣才能分別測定各項因素對利潤的影響。分解後的客房利潤公式是：

客房利潤＝Σ[（某類客房可出租數量×計算期天數×出租率×單位房價）×（1－稅率）]－不變費用總額－Σ（某類客房可出租數量×計算期天數×出租率×單位可變費用）

公式中的某類客房可出租的數量是指飯店擁有的不同等級的客房數量。如果該

飯店的客房有多種類型且等級相差較大，那麼應該分別計算各種類型客房的收入與支出，然後匯總成飯店收入和支出。在分析利潤時，可以按不同類型的客房進行分析計算。因為不同類型的客房房價不同，實際出租率也不同，只有分別計算其收入才會更加精確。

某飯店客房利潤分析表

某飯店客房利潤分析表　　單位：元

項　目	1997 年 10 月	1998 年 10 月	差　異
客房數量	400	400	
出租率	78%	80%	2%
公布房價	125	120	−5
房價折扣率	90%	95%	−5%
稅　率	5%	5%	
不變費用總額	72 880	73 380	500
單位可變費用	9.13	8.83	−0.3
利　潤	872 510	913 363	40 853

（1）出租率因素影響

〔400×31×（80%－78%）×125×90%〕×（1－5%）－〔400×31×（80%－78%）×9.13〕＝24241（元）

由於出租率提高使客房利潤增加24241 元。

（2）房價因素的影響

400×31×80%×（120×95%－125×90%）×（1－5%）＝14136（元）

由於房價提高使客房利潤增加 14136元。

（3）由於不變費用增加使利潤減少500元。

（4）單位可變費用因素的影響

400×31×80%×（8.83－9.13）＝-2976（元）

由於單位可變費用下降使利潤增加2976元。

綜合各項因素的影響，最終使利潤增加了40853元。

24241＋14136＋（-500）＋2976＝40853（元）

從上面的分析可以看出，出租率提高和房價上升是使利潤增加的主要原因。單位可變費用的下降也使利潤增加。反之，則客房經營利潤就會下降。

四、盈虧臨界分析與應用

盈虧臨界分析法也叫保本點分析法，或量本利分析法，它是指飯店經營達到不賠不賺時應取得的營業收入的數量界限。在飯店客房經營過程中，成本、銷量和利潤之間存在著千變萬化的關係，如當客房銷售量一定時，利潤狀況如何？如果成本發生變化，為使利潤不減少，銷售額應如何調整？等等。這些問題都可以運用盈虧臨界分析方法加以解決。

（一）客房盈虧臨界分析法的概念

在進行盈虧臨界分析時，首先需要將成本按照其與銷售量的關係劃分為固定成本與變動成本。固定成本總額一般保持不變，變動成本總額卻會隨銷售量的增減而變動。飯店所獲得的客房營業收入扣減客房變動成本後的餘額，要先用來補償固定成本，餘額與固定成本相等的點即為保本點或盈虧臨界點。

例如，某飯店客房部日固定費用13000 元，可出租房間天變動成本為20元，房價為150元，該飯店有258間客房，則盈虧臨界狀況可以用下表表示：

客房租數	變動費用	固定費用	總費用	收　入	盈虧狀況
1	20	13 000	13 020	150	虧損
20	400	13 000	13 400	3 000	虧損
50	1 000	13 000	14 000	7 500	虧損
100	2 000	13 000	15 000	15 000	盈虧臨界點

也就是說，當客房出租量達到100間時，總成本與總收入相等。那麼，這100間便是保本點的客房出租量，收入 15000元為保本點的營業收入。

除上述方法外，還可以採用繪製盈虧平衡圖的方式進行。利用該圖可以直觀的看到銷售量、成本與利潤之間的變動關係。如圖所示：

進行盈虧臨界分析時，要明確邊際貢獻這一概念。邊際貢獻是指每增加一個單位銷售所得到的銷售收入扣除單位變動成本獲得的餘額。邊際貢獻要用來補償固定成本，其餘額才能為飯店提供利潤。當邊際貢獻與固定成本相等時，飯店經營活動就處在保本狀態。如飯店的平均房價為150元，每間客房的變動成本費用為30元，則邊際貢獻為120元（150－30），這是用絕對數表示的邊際貢獻；如果把全部銷售額看成100%，已知變動成本費用率為20%，則邊際貢獻率為　　80%（100%－20%），這是用相對數表示的邊際貢獻。

盈虧臨界分析法一般公式為：

$$保本點銷售量（額）=\frac{固定成本}{邊際貢獻}$$

如果邊際貢獻用絕對數表示，則計算的結果為保本點銷售量，其公式為：

$$保本點銷售量=\frac{固定成本}{單位售價-單位變動成本}$$

如果邊際貢獻用相對數來表示，則計算的結果為保本點銷售額，其公式為：

$$保本點銷售額=\frac{固定成本}{邊際貢獻率}$$

（二）客房盈虧臨界分析法的應用

盈虧臨界分析法實際上是量本利分析法的一個特例。它是在利潤為零的情況下研究銷售量（額）與成本間的變動關係。飯店只有先保本才能有利潤可賺，但保本並不是目的。在此基礎上，我們再來分析在具有一定利潤的前提下，它們之間的變動關係。

它們之間的關係可以用下面的公式來表示，即：

$$銷售量(額)=\frac{固定成本+預期利潤}{邊際貢獻}$$

（1）成本變動時銷售量的變動情況

在客房銷售價格不變的情況下，成本如果增加，那麼飯店的利潤就會下降。要想使利潤不減少，就必須增加銷售量（額）。如果成本的變化是由於固定成本增加了，那麼計算銷售量（額）的公式就要調整為：

$$銷售額=\frac{原有固定成本+新增固定成本+預期利潤}{1-變動成本率}$$

如果單位變動費用發生了變化，而房價保持不變，要想保持原有的利潤水準，必須提高客房銷售收入額，即：

$$銷售額=\frac{固定成本+預期利潤}{1-(原有變動費用率+新增變動費用率)}$$

（2）客房價格變化時銷售（額）的變動情況

飯店客房價格在旅遊淡旺季是不同的，有時為了提高競爭能力也可能是房價下降一定幅度。在這種情況下，為不使利潤下降就必須提高客房出租率。這時，計算銷售量的公式就調整為：

$$銷售量=\frac{固定成本+預期利潤}{原房價\times(1-房價下降率)-單位變動費用}$$

（3）為彌補虧損所必須達到的銷售量

例如，某飯店客房經營情況如下：固定費用550000 元，變動成本135000 元（每件30元），銷售額為675000元（45000間，房價150元），虧損10000元。

要消除虧損所必須達到的銷售量為：

$$4\ 500+\frac{10\ 000}{150-30}=4\ 583(間)$$

要消除虧損所必須達到的銷售額為：

$$675\ 000+\frac{10\ 000}{1-20\%}=678\ 500(元)$$

如果在除虧的基礎上計劃獲利20000元，則：

$$所需銷售量 = 4\ 500 + \frac{10\ 000 + 20\ 000}{150 - 30} = 4\ 750(間)$$

$$所需銷售額 = 675\ 000 + \frac{10\ 000 + 20\ 000}{1 - 20\%} = 712\ 500(元)$$

本章小結

1.客房的設備配置雖然在酒店建造之初就已確定，其原始質量已無法改變，但在客房部的日常運行與管理中，如何對其維護和保養，想方設法延長其使用壽命對客房部的經濟效益有著不可估量的作用。

2.客房客用品的配備與管理是構成客房商品使用價值的重要組成部分。對客用品的良好管理一方面會影響到客人的方便感，另一方面也會對客房部的成本控制產生重要影響。

3.客房布件配備的數量與質量反映了一家飯店的等級和等級，對布件日常使用的嚴格管理不僅體現了客房部的專業化水準，更是客房部成本控制工作的基本要求之一。

4.成本費用預算的編制為客房部的管理工作提供了量化的經濟指標，使客房部的工作有了更清晰的目標。

5.對客房部的成本控制和經濟效益進行分析是檢驗客房部經營效果的必要手段，任何部門的經營管理說到底目的只有一個，那就是「以最少的投入獲得最大的收益」。

思考與練習

1.客房設施設備有哪些種類？

2.客房設備檔案制度包括哪些內容？

3.如何制定不同客房用品的消耗定額？

4.客房用品的控制通常採用哪些方法？

5.確定客房在用布件及備用布件時應考慮哪些因素？

6.對客房布件的數量和質量進行控制時應把握哪些要點？

7.如何理解客房預算編制的原則？

8.客房成本控制方法主要有哪幾種？

9.客房經營指標主要有哪幾種？各反映了經營中的哪些問題？

10.什麼叫邊際效益？其主要作用是什麼？

第6章 客房部的勞動管理

導讀

客房部的工作面廣，工作量大，因此勞動力管理相當重要，它不僅包括客房部的人員配備和工作安排，還包括對用人標準的把握和進一步改善員工的素質等內容。它的意義遠不只限於提高飯店的經濟效益，更關係到企業內部發展的動力及前景。

學習目標

瞭解客房部勞動管理的意義

掌握人員配備的方法

把握客房部用人標準

掌握員工培訓的方法和內容

第一節 人員的配備和安排

客房部的人員配備和安排不僅關係到日常工作能否順利進行、應配備多少人員及能否有效使用，它還直接影響到整個飯店的勞動力成本控制，關係到整個飯店的經濟效益。

一、客房服務模式的確立

客房服務通常有兩種模式，即客房服務中心制和樓層服務班組制。前者注重用工效率和統一調控，因而對降低客房部門的勞動力成本支出有著重要意義。而後者則有利於做好樓層的安全保衛工作。二者在人員的配置數量上有較大差別，因此，飯店必須根據本身的管理水準及安全設施的情況，確定客房部門的機構組成類型，確立客房部門的對客服務模式，在此基礎上，確定崗位數量。

二、預測客房工作量

在確定了客房服務模式之後，就要對客房部所需承擔的工作量作一預測。為便於分析，一般把工作量分成固定工作量和變動工作量兩個部分。

所謂固定工作量是指那些只要飯店營業就必須完成的日常例行事務，它主要用以維護飯店既定的規格水準。如所有公共區域的日常清潔整理、計劃衛生和客房定期保養工作。固定工作量往往反映了一個飯店或部門工作的基本水準。

變動工作量則隨飯店業務量等因素的改變而變化，如客房的數量、貴賓服務狀況、特殊情況的處理等。雖然住客率的高低、客人成分的差異、季節的更替甚至天氣的變化都可能對這部分工作量產生影響，但一般都以平均開房率為軸心測算工作量。如某飯店開房率最低可達40%，最高可達 100%，全年平均開房率為70%，則一般以70%作為計算工作量的基礎。

三、確定員工勞動定額

確定員工勞動定額時，必須考慮各方面的因素。

1.人員素質

除了人員的年齡、性別等差異外，其性格、教育程度、專業訓練水準等方面的差別，都將影響勞動定額的確定。因此，應當首先瞭解員工的素質水準，並將其作為制定勞動定額的依據。

2.工作環境

鑒於飯店建築、裝潢風格不同，客房類型不同和客人生活習慣、員工工作環境的千差萬別，定額的制定也應具體情況具體分析，切忌生搬硬套。

3.規格要求

客房布置規格的高低對定額的影響是顯而易見的。因此，首先要根據飯店等級合理制定客房布置規格，然後使定額的制定適合布置規格的要求。

4.勞動工具配備

必要的勞動工具是工作質量和效率的保證。客房部門應根據工作內容及操作程序要求，配備合適的勞動工具，並測算在一定工具配備條件下，各項操作工作的時間標準，以此作為制定定額的依據。

5.程序設計

工作程序設計是否合理，將直接影響工作效率，從而成為制定勞動定額必須考慮的因素之一。

四、確定員工配備數量

客房部門的員工配備通常以崗位設置和班次劃分作為測試依據。

首先，要確定客房部管轄區域內所有的崗位或工種設置，如客房清掃員、值臺服務員等。

其次，明確各工作崗位的班次劃分。

最後，根據工作定額和工作量預測，確定每個班次的員工數及整個客房部的員工數。在具體應用中，可依據工種及崗位性質，分別採用效率定員、比例定員、崗位定員、設備定員等不同定員方法，並利用下面的公式最終確定員工及管理人員的配備數量：

客房部所需員工數＝（全年所需工作量／工作定額）／有效開工率

其中，

$$有效開工率=\frac{員工-年中實際工作天數}{365}\times 100\%$$
$$=\frac{365-雙休-國家法定假日-年假-病假}{365}\times 100\%$$

例：中國的某飯店有800間客房（均折成標準房），分布在 5～24 層，其中 5～13 層為內賓房，設早、晚值臺班，每層服務員各 1 名。客房清掃員的定額為：日班 12間、中班48間。領班的工作定額為：日班60間、中班 120間。假定飯店年平均開房率為80%，員工每天工作8小時，每週工作5天，享受國家法定假日共 10天（元旦 1 天，春節3天，「五一勞動節」3天，國慶節 3 天），年假 7 天，一年中人均可能病事假 7 天。設部門經理、經理助理和主管三級管理人員。試計算上述客房部人員總數。

解：由題意可得：

$$員工一年中實際工作天數=365-365/7\times 2-10-7-7=237\ 天$$
$$則有效開工率為=\frac{237}{365}\times 100\%=65\%$$

（一）服務員人數（效率定員法）

$$1.\text{日班清掃人員人數} = \frac{\text{工作量}}{\text{工作定額}} \div \text{有效開工率}$$

$$= \frac{800 \times 80\%}{12} \div 0.65 = 82\text{ 人}$$

2.中班清掃員人數（中班服務員的工作量是日班服務員工作量的4倍）＝82／4＝21 人

3.臺班服務員人數＝

$$\frac{2(\text{班次}) \times 9(\text{層}) \times 365(\text{天})}{237(\text{天})} = 28\text{ 人}$$

（二）領班人數（比例定員）

1.日班人數＝82／5＝15人

2.中班人數＝82／10＝8人

（三）主管人數（比例定員）

按領班與主管6∶1 的比例確定，主管人數為4人

（四）經理、助理人數（崗位定員）

各設 1 名，共2人

則上述客房部人數總計為：82＋21＋28＋15＋8＋4＋2＝160人。

五、勞動力安排及勞動力成本控制

（一）妥善安排勞動力

雖然事先經過仔細的斟酌和計算，但由於種種原因，勞動力定額和實際需求之間通常不是自然吻合的，這就要求在實際工作安排中做好調節，使其具有「彈性」。

1.根據勞動力市場的情況決定用工的性質和比例

如果勞動力較為飽和，則制定編制時應偏緊，以免開房率較低時造成窩工而影響工作氛圍；而在旺季開房率較高時，可徵聘臨時工緩解定額與需求之間的矛盾。反之，則要將編制做得充分些，以免在開房率較高時造成工作質量下降。

通常，為了控制正常編制，減少工資和福利開支，許多飯店願意使用臨時工來做一些程序比較簡單、技能要求並不太高的工作。這對於增強人員編制的彈性、降低培訓費用等較為有利。但這種編制彈性應限制在可控範圍內，同時不能因此而放鬆對合約工的技能和思想訓練，以便掌握勞動力安排的主動權。

2.瞭解客源市場動向，力求準確預測客情

客源情況是不斷變化的，因而由客房部承擔的那部分可變工作量也在不斷地變動著，而掌握了客情的大致動向後就可以做好應對準備，以免到時措手不及。

客房部除了要做出年度及季度的人力預測外，更應做好近期的勞動力安排。這樣，掌握客情預測資料就成為一個十分重要的工作。客情預測資料主要包括每週預測表、團隊和會議預訂報告、每日開房率及客房收入報表、住客報表和預計離店客人報表。

3.制定彈性工作計劃，控制員工出勤率

客房管理者必須透過制定工作計劃來調節日常工作的節奏。如：計劃衛生的週期性工作和培訓穿插進行等，做到客人少時有事可做，工作忙時又有條不紊。

控制員工出勤率的方法有許多，除了利用獎金差額來控制外，還要透過合理安排班次、休假等來減少缺勤數或避免窩工。對於一些特定的工種，可靈活安排工作時間，採用差額計件制等各項行之有效的方法。

（二）勞動力成本控制

對於客房部勞動力的成本控制，除按上述定員方法進行科學合理定員以外，還應注意以下幾點：

（1）必須遵循以崗定人的原則。另外，在飯店日常運轉中，還應根據本酒店的星級等級、客源構成等情況，考慮對某些崗位是否能合併或取消。

（2）必須對飯店的年出租率情況有一個比較精確的預計，因為這是測定客房實際工作量的重要依據。

（3）必須科學合理的制定工作程序，進行動作研究，以期達到提高工作效率、節約勞動力成本的目的。

（4）必須符合飯店所規定的員工數在飯店人均營業收入或工資成本預算線以內。

（5）根據飯店營業淡、旺季，合理安排合約工與臨時工的比例，做到忙時有人幹活，閒時無人餘。

（6）充分利用旅遊職校的實習生。儘管這會給飯店人事工作帶來一些麻煩，但只要建教合作得好，仍不失為一種節約勞動力成本的好方法。

第二節 人員的選擇、培訓與評估

一、用人標準的確定及人員選擇

雖然飯店人事部是選擇人員的專門機構，但如何才能選到適合客房部工作的人，卻是要由客房部經理來掌握的。通常，人事部可根據飯店工作的一般要求對應徵者進行初試或複試的篩選，然後由客房部經理把好通往本部門各崗位的最後一道關——面試。這一工作可根據工作崗位的要求由經理本人或副經理來主持，並由經理來作決定。

要做好這個工作，首先，就必須制定出一個用人的標準。雖然客房部各崗位的工作要求互有差異，但從總體上來說有一些共同的要求。

1.瞭解和樂於從事未來的工作

這對於穩定員工隊伍、提高工作效率和降低各項開支是十分重要的。要做到這一點，首先，要求把客房部各崗位的職責說明詳列出來；其次，要附有一份職務說明書；然後，要求面試主持人如實介紹任職環境和要求等，絕不可因求人心切而著意美化，否則上崗員工會因懷有被欺騙之心情而造成部門工作之被動。

2.作風正派，為人誠實可靠，具有較高的自覺性

與餐廳工作不同，客房部的工作有許多是單獨進行的，如果不具備以上各方面的個人素質，可能會帶來無窮的後患。

3.性格穩定，責任心強，並具有與同事良好合作的能力

客房部的工作絕不是像有些人想像中的那樣能拋頭露面，它更多地屬於一種幕後工作。因而，客房部的員工必須具有吃苦耐勞而無意炫耀自我的奉獻精神。此外，雖然各自的工作都有定額，但協作與互助應貫穿於客房部各項工作的始終。

4.身體素質好，動手能力強，反應敏捷

總的來說，客房部工作的體力消耗較大，而且從清潔到保養，事務繁多，如果不具備良好的體質和勤勞的雙手是做不好這份工作的。對於樓層服務員等一些要獨

自操作並與客人接觸的員工來說，當然要求機敏一些、細膩一些。

5.較好的自我修養

誠然，不同的工作崗位具有不同的要求，即使是從事最簡單的工作，處在飯店這一獨特的環境之中，基本的個人衛生、禮節禮貌是不可少的。

客房部的用人標準可以有許多項，但以上所列應是有別於飯店其他部門或應予特別重視的幾點。最後，對於客房部經理來說，一定要為本部門各崗位制定出一個既必要又實際的用人標準來，千萬要避免一味求高的做法，除非能肯定尚有可選擇並中意的人選。

二、人員培訓的意義、方法和內容

保證部門員工獲得恰當的培訓是客房部經理的主要職責之一。這不等於說客房部經理本人必須承擔培訓師的職責。實際上，培訓可由主管或才幹出眾的員工來做。不過，客房部經理應該對本部接連不斷的培訓計劃負責。

（一）培訓的意義

要想讓員工的工作達到既定的規格水準，嚴格的培訓是一種必須而有效的手段。良好的培訓不僅能解決員工的「入門」問題，而且還具有多方面的積極意義。

1.提高工作效率

培訓時所講授或示範的工作方法和要領，都是經過多次的實踐總結出來的。因而，它不僅可節省時間和體力，而且有利於提高工作質量，達到事半功倍的效果。

2.降低營業成本

除了人力與時間的節省之外，正確的工作方法能減少用品浪費、降低物件磨損，達到低投入、高產出的目的。

3.提供安全保障

客房部員工的工傷比例在飯店中是比較高的，如腰肌勞損、擦傷、摔傷等等，而培訓得法卻可以讓員工對本職工作的操作方法、步驟等有更深入全面的理解，增強安全防範意識，以便防患未然。此外，有效的培訓還可以提高員工全面的安全認識和加強緊急應變能力。

4.加強溝通，改善管理

靈活多樣的培訓方式對於活躍氣氛、交流想法、做好合作顯然是十分有益的。它可以幫助我們避免平時發生的許多工作上的摩擦，加強集體的凝聚力，促進服務和管理的改善。因此，員工培訓的作用不容低估。

多數經理與培訓師明白，培訓的目的是幫助員工學會做好工作的本領。可是他們中有許多人對什麼是最好的培訓方法心中無數。他們常需要一個培訓的框架。四步培訓法提供了這種框架。此方法中的四步指的是「準備、講課、實踐與追蹤檢查」。

（二）培訓準備

成功培訓的基礎在於準備。少了準備工作，培訓就沒有邏輯順序，還可能把一些主要細節漏掉，還可能對培訓班產生極度的焦慮。在開始培訓前，對工作任務及員工的培訓需求要作一番分析。

1.工作分析

工作分析是培訓員工與防止操作發生問題的基礎。它確定員工需掌握什麼知識，每位員工應承擔什麼任務，以及應達到的操作標準。不透徹瞭解每位員工該做什麼，就無法把培訓工作做好。

工作分析包括三個步驟：確定工作所含的知識、編制任務單和編寫客房部各崗位所含各項任務的細分表。知識、任務單與細分表也形成了評估員工業績的一種有效體系。

透過對工作知識的認定，確定員工完成各自工作應瞭解的知識內容。員工想做好工作，就要瞭解住宿業，認識自己所在的部門及崗位。例如，在美國，客房服務員應具備全體員工應瞭解的知識，如血液攜帶的致病菌及美國身心障礙者保護法；應具備全體客房部員工應瞭解的知識，如電話禮貌用語、職業安全與健康署指定的法規及保安工作；應具備客房服務員應知曉的知識，如異常賓客情況及徹底清掃任務等。

任務單反映出員工的全部工作職責。表 6-1 為任務單示例。注意該任務單上每一行均以動詞開頭。這種形式突出了行動，清楚指明員工應對什麼工作負責。要盡可能按照日常職責的邏輯順序排列工作任務。

表6-1 任務單示例

任務單	
客房服務員	
1. 使用客房任務分配單	2. 領取所分配客房需要的賓客便利物品與設施
3. 領取所分任務房的清潔供應品	4. 保持工作車與工作區域井井有條
5. 進入客房	6. 客房清潔前的準備
7. 開始清潔浴室	8. 清潔浴缸與淋浴區
9. 清潔抽水馬桶	10. 清潔水池與梳妝檯
11. 清潔浴室地面	12. 結束浴室清潔作業
13. 清潔房內壁櫥	14. 整理床鋪
15. 客房撣塵	16. 補充客房供應品與便利物品
17. 清潔窗戶、窗簾軌與窗台	18. 對客房作最後修飾
19. 用吸塵器清掃客房并報告房況	20. 離開客房
21. 解決檢查中發現的清潔工作疏漏	22. 完成下班前的職責
23. 翻轉並輕拍床墊	24. 擺設或撤除賓客特殊服務設施
25. 清潔多居室賓客套房	26. 提供開夜床服務

任務細分表的格式可多種多樣，以適應個別飯店的不同需求和要求。表 6-2是任務細分表示例。細分表中包含了執行任務所需的設備和供應品單、步驟、「怎樣

做」及說明工作方法的要訣。

表6-2 任務細分表示例

領取派房清潔作業使用的供應品		
所需用具用品：儲放了供應品的清潔箱		
步　　驟	方　　法	須知事項
1. 上班首先去客房部領取清潔用品箱。 2. 檢查箱內儲備的物品，確保將清潔的房間有足夠的清潔用品。 3. 下班前將箱子送回客房部，補足供應品。	□ 備足了清潔用品的箱中應有下列物品： ・多功能清潔劑噴霧瓶 ・玻璃清潔劑噴霧瓶 ・家具上光劑 ・其他核准使用的清潔用化學物品 ・擦拭用海綿 ・硬毛刷 ・清潔用抹布 ・特殊的刷子	1. 與便利用品箱一樣，清潔用品箱也在客房部重建儲足用品。 2. 你所在飯店的清潔用品箱中也有可能有其他清潔用品（各飯店可根據各自的實際情況羅列如下　）：

員工應瞭解將用什麼標準來衡量他們的工作表現。因此有必要對工作任務進行分解，並詳述有關的標準。為了將它用做操作標準，每項工作都必須是既可以看得到，又可以量化衡量的。表6-3是在職員工的培訓需求評估表示例，可用來對操作情況加以評估。客房部經理（或客房部主管經理）在進行季度業績評估時，只要在相應的格子裡打個勾，就可對員工的表現做出評價。

表6-3 培訓需求評估表示例

目前員工工作表現如何，可用此表對他們的工作加以評級。

第一部分：工作知識

評估員工對下列論題相關知識的了解程度	與標準差距大	稍低於標準	達到標準	超出標準
全體員工應了解的知識				
高質量賓客服務				
血液攜帶的致病菌				
個人著裝與外表				
緊急情況				
失物招領				
回收利用程序				
安全操作習慣				

續表

評估員工對下列論題相關知識的了解程度	與標準差距大	稍低於標準	達到標準	超出標準
值班經理				
本飯店基本情況單				
員工政策				
客房部全體員工應了解的知識				
與合作者和其他部門組成的團隊協同作業				
電話禮貌用語				
保安工作				
客房部鑰匙				
職業安全和相關的法規				
安全正確使用清潔供應品				
維修保養需求				
特殊清潔要求				
客房部庫存物品				

第二部分：工作技能

評估員工對下列論題相關知識的了解程度	與標準差距大	稍低於標準	達到標準	超出標準
客房部全體員工應了解的知識				
客房服務員是做什麼工作的				
優異業績標準				
小費分享				
異常客房情況				
徹底清掃任務				
房況代碼				
使用客房任務單				
領取分派清潔房使用的便利物品				
領取分派清潔房的清潔物品				
保持小車與工作區域井井有條				

評估員工對下列論題相關知識的了解程度	與標準差距大	稍低於標準	達到標準	超出標準
進入客房				
清掃房間前的準備工作				
開始清潔浴室				
清潔浴缸與淋浴區				
清潔抽水馬桶				
清潔洗手檯與梳妝檯				
清潔浴室地面				
結束浴室清潔工作				
清潔房內壁櫥				
鋪床				
房內除塵				
補充客房供應品與便利物品				
清潔窗戶、窗簾軌與窗台				
對客房做最後擺設裝飾				
用吸塵器清潔房間並報告房況				
離開客房				
彌補檢查中發現的清潔工作疏漏				
履行下班前職責				
翻轉並輕拍床墊				
擺設或去除賓客特殊服務設施				
清潔多居室套房				
提供開夜床服務				

2.編制工作細分表

如果僅僅讓客房部的某個人去制定每項工作的細分表，這項工作恐怕永遠也完不成，除非該部門非常小，只涉及有限的幾項工作。一些最佳細分表的完成，是由實際操作任務的人來編寫的。有大量客房部員工的飯店可成立工作標準小組來負責這項編寫任務。小組成員應包括部門主管、幾個有經驗的客房服務員以及公共區域的服務員。在較小的飯店裡，可讓有經驗的員工單獨完成這項任務。圖6-1概括了制定工作細分表的過程。

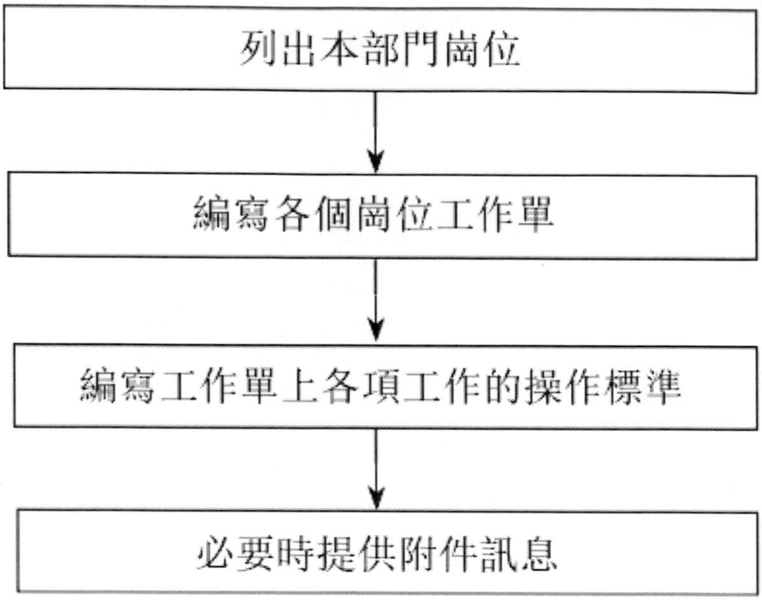

圖6-1 制定工作細分表

多數飯店機構擁有一本涉及政策規定與程序的工作手冊。雖然該手冊很少含有建立有效培訓與評估計劃所需要的詳細內容，但手冊中部分內容對客房部標準制定小組成員完成編寫部門崗位工作細分表可能有些幫助。例如，手冊在程序部分包括了職務說明與工作規範，這些內容有助於標準制定小組編寫出工作任務單與操作標準。而手冊的政策部分可能是有用的附加資訊資料，可將它編入工作細分表中。

如果任務涉及使用設備，其工作細分表可能已出現在設備銷售商提供的設備操作指南裡。標準制定小組應該不必編寫諸如地面、擦拭器、濕形洗塵器及其他機械設備的操作標準，而可以僅僅讓員工參照（或給附上）銷售商供企業內部培訓用操作手冊的有關章節內容。

編制工作細分表須透過編寫說明員工完成該任務需採用的具體又可計量的工序操作標準，對每份客房部工作單上的每項任務進行分解。客房部經理至少應協助標準制定小組編寫兩三個本部門崗位操作標準。其間，客房部經理應強調，每份操作標準須具有直觀性和可計量性。若主管或經理只要在季度業績檢查欄內的「是」或「否」項打勾就可評估員工的表現，則證明該評估標準是有效且實用的。

在標準制定小組編寫出兩三項工作細分表後，客房部其他的工作細分表應交由小組成員分頭去完成。在規定時間內，他們將完成的結果呈交客房部經理或其助理，後者將這些細分表收齊後，按統一格式影印出來，然後將影印的副本提供給小組全體成員。最後可召集他們開會，對本部門各個崗位的工作細分表做認真細膩的分析。一旦細分表確定下來，就應該迅速在部門員工中加以使用。

3.分析新員工培訓需要

任務單是制定新僱員培訓計劃的極好工具。現實地說，不能指望新員工還沒來上班，就知曉他們的全部工作。培訓前，你要仔細閱讀任務單。然後把工作按員工應學習掌握的時間先後分成三類：（1）在單獨上崗前掌握；（2）上崗兩週內掌握；（3）上崗兩個月內掌握。

選幾項分在第一類的工作，將他們列在第一次培訓中學習。員工瞭解並掌握了這些操作方法以後，再在後面的培訓中教會他們完成餘下工作的技能，直到員工能勝任一切工作為止。表6-4國外某飯店是根據工作任務單及一份「須知」細目單編制的培訓表示例。

表6-4 培訓日程示例

建議採用的新員工培訓日程表

只有適應培訓者和受訓者共同需求的培訓日程表才是行之有效的。下面是建議採用的培訓日程表。仔細閱讀此表，必要時對它加以修改，以組織好培訓課。可能有必要至少提前一天將與培訓課學習內容有關的知識材料及工作細分表發給學員學習。

第一天

(1)新進情況介紹

(2)全體員工應了解的知識

- 高品質賓客服務
- 個人著裝與外表
- 失物招領
- 安全操作習慣
- 本飯店基本情況單
- 美國殘疾人法
- 血液攜帶的致病菌
- 緊急情況處理
- 回收利用程序
- 值班經理
- 員工政策
- 客房服務員任務單

第二天

(1)溫習第一天學習的內容(必要時再安排一些培訓時間)

(2)全體客房部員工應了解的知識

- 與合作者和其他部門組成的團隊協同作業
- 保安工作
- 維修保養需求
- 客房部庫存物品
- 電話禮貌用語
- 客房部鑰匙
- 安全正確使用清潔供應品
- 特殊清潔要求

(3)1～5項任務的工作細分表：

任務 1：使用客房清潔任務單

任務 2：領取所分任務房使用的便利物品

任務 3：領取所分任務房的清潔用供應品

任務 4：保持小車與工作區井井有條

任務 5：進入客房

第三天

(1)溫習第二天學習的內容(必要時再安排一些培訓時間)

(2)客房服務員應了解的知識：

- 客房服務員做什麼工作
- 小費分享
- 徹底清掃任務
- 優異業績標準
- 非正常客房情況
- 房況代碼

續表

(3)6～12 項任務的工作細分表： 任務 6:潔房前的房間準備工作　　任務 7:開始清潔浴室 任務 8:清潔浴缸與淋浴室　　任務 9:清潔抽水馬桶 任務 10:清潔洗臉檯與梳妝檯　　任務 11:清潔浴室地面 任務 12:結束浴室清潔工作
第四天 (1)溫習第三天學習的內容(必要時再安排一些培訓時間) (2)13～21 項任務的工作細分表： 13:清潔房內壁櫥　　任務 14:做床 15:房內撣塵　　任務 16:補充客房供應品與便利物品 17:清潔窗戶、窗簾軌與窗檯　　任務 18:對客房做最後的修飾 19:用吸塵器清掃房間並報告房況　　任務 20:離開客房 21:彌補檢查中發現的清潔工作疏漏
第五天 (1)溫習第四天學習的內容(必要時再安排一些培訓時間) (2)22～26 項任務的工作細分表： 任務 22:履行下班前職責　　任務 23:翻轉並輕拍床墊 任務 24:擺設或去除賓客特殊服務設施　　任務 25:清潔多居室賓客套房 任務 26:提供做夜床服務 一員工在培訓師觀察下完成一房間的全部清潔工作
第六天 員工獨立清潔少量的房間 員工取得進步後，給員工增加工作量

在確定每次培訓課教學內容以後，查閱工作細分表。由於細分表列出了員工操作的一切步驟，也就明確說明了培訓課需要做什麼。因此，每項工作的細分表就是一堂培訓課的教學內容，或可作為自學用的學習指導材料。工作細分表可引導教學的進程，並確保重要內容或步驟不會在教學中被疏忽或遺漏。

員工必須瞭解的知識一般寫在一張紙上。一次發給 9 項～10 項知識材料或工作細分表供新員工們學習。不要讓一名員工一次就閱讀所有的知識內容或工作細分表，這會讓該員工接受不了，而且也無法記住足夠的知識來把工作做好。

4.分析在職員工培訓需求

客房部經理有時覺得一名或幾名員工的工作有問題，但不知道問題到底在哪兒；或他們感到事情有點不對頭，卻無從知道改進工作該從何做起。對培訓需求做出評估，能幫助找出員工存在的缺點以及你的團隊的弱點。

要評估單個員工需求，可對該員工目前的工作情況做兩三天的觀察，並將觀察結果記入類似表6-5的表中。表中該員工得分較差的領域，就是開展針對性再培訓教育的內容。

制定部門培訓計劃，每年制定4個培訓計劃的想法不錯，即每3個月左右做一個培訓計劃。而在每個季度開始前一個月完成該計劃的制定是最佳選擇。

可按照下列步驟為培訓課做好準備：

（1）認真溫習培訓課上要講授的知識內容及要使用的工作細分表。

（2）發給每位員工一份知識單與工作細分表。

（3）根據培訓對象及培訓方法制定培訓日程表。注意控制每次培訓課傳授的資訊量，使員工既能透徹理解又能記住這些內容。

（4）選擇培訓時間與地點。如果可能，將培訓安排在生意清淡時，並在合適的工作區進行。將培訓的日期、時間通知員工。

（5）練習試講培訓內容。

（6）將必要的示範用物品放在一起備用。

案例

新客房服務員十日培訓一覽

以下是一些基本內容與做法，供那些準備編寫培訓方案，但又抽不出時間來做的客房部經理參考使用。這是專為沒有任何客房部工作經驗的新客房服務員設計的培訓一覽表。

雖然各個飯店對該表所列內容的編排順序會做改變，也可能增加一些特別項目（如陽臺或廚房餐具），但它們是每位新客房服務員必須學習和掌握的基本技能。很多客房部主管建議，應該讓員工一次學習做一件工作，學習內容多了會使員工不知所措。例如，教員工如何做床，就讓員工專心學習做床，直到取得滿意的效果。待床上的用品都擺放整齊後，再教給員工如何限制去工作車取物的次數，提高潔房常規作業的效率。在培訓的前兩週中，通常付給培訓師獎金。在新僱員試用期內，他們將不斷地培訓僱員。

事實是接受了全面和不斷培訓的員工，將對你的投入做出許多倍的回報。

（三）講課

精心編寫的工作細分表為實施四步培訓法的「講課」，這一步工作提供了全部所需的資訊。把工作細分表作為培訓的指南，按每份工作細分表上所列步驟的順序去做。每做一步，向員工示範和敘述該做什麼，並說明為什麼要注意細節。

讓員工有時間做些準備，讓他們透過任務單的學習，對自己要做的全部工作有個大致的瞭解。如果可能，至少在第一次培訓課的前一天將工作任務單發給他們。每次講課前，至少提前一天將與授課內容有關的工作細分表發給新員工及在職員工，以供他們閱讀。然後每次在培訓課上先向員工交代他們將做什麼，告訴他們教學活動需要多長時間，以及中間什麼時間休息。

一邊講解操作步驟，一邊做示範。讓員工看清楚操作動作。鼓勵想獲得更多資訊的員工提出問題。

保證有充分的時間授課，放慢速度，認真講解。對一時理解有困難的員工要有耐心。至少將全部操作步驟重複一次。做第二次示範時，提問員工，瞭解他們是否已經全明白了。必要時可多次重複這些步驟。

避免使用行業技術或專門用語，如用railroad schedules指代公共區域清潔員。使用新加入飯店業或新來到飯店的員工能聽懂的詞語，以便於他們在今後掌握那些行話。

（四）實踐

當培訓師與受培訓者在後者已熟悉工作情況並具有基本達標能力方面取得共識時，受培訓者應試著獨立去完成一項任務。當場實踐有利於良好工作習慣的形成。培訓課上，讓每位受訓者表演課上講授的該任務的每一個操作環節，這會使培訓師明白受培訓者是否真的懂了，別總是想自己代受培訓者去完成這些操作步驟。

輔導工作對員工掌握工作技能與樹立必要的信心很有好處。應對員工的正確操作及時給予肯定和讚許。發現有問題時，應溫和地加以糾正。在此階段養成的不良工作習慣，今後可能很難改正。應保證受培訓者不但能熟悉操作每項工作環節，而且瞭解每項環節要達到的目的。

（五）結果跟蹤

有很多方法可使員工接受培訓後更容易重返工作崗位。比如：

①在培訓前後提供使用和示範新技能的機會；

②讓員工與他們的工作夥伴對培訓展開討論；

③提供機會，就取得的進展與關注的問題進行不斷的、開放式的交流。

1.繼續進行崗上輔導

培訓能幫助員工學習新知識、掌握新技能及採取新的工作態度，而輔導則側重於將培訓課學到的東西運用到實際工作中去。作為輔導員，應對員工在培訓課上學到的知識、技能和工作態度加以考驗與鼓勵，糾正他們的缺點，努力強化他們學到的一切。

崗上輔導須知：

（1）觀察員工操作，確保他們操作正確規範。

（2）時而提些建議，幫助糾正細小的毛病。

（3）圓通得體地指出員工操作中出現的大錯。一般最好選擇在安靜的地點，且在雙方都不太忙的時間裡做此事。

（4）假如員工的操作方法不安全，應立即加以糾正。

2.不斷提供回饋資訊

回饋就是告訴員工他們工作得怎麼樣。回饋分正面肯定和提供諮詢兩種形式，前者確認工作完成得漂亮，後者指出不正確的操作行為，並告訴員工如何加以改進。

提供這兩種回饋時應注意：

（1）讓員工知道自己對在哪裡或錯在什麼地方。

（2）若員工在培訓後工作出色，應加以肯定並讓他們知道這一點。這有助於員工記住學到的東西，也能鼓勵他們在工作中使用那些操作方法及相關資訊。

（3）如果員工沒有達到操作標準，首先對他們好的工作成績加以肯定和讚許，然後告訴他們如何糾正壞的工作習慣，以及改掉壞習慣的重要性。

（4）回饋要具體。敘述員工表現時要確切説出員工所説的與所做的事。

（5）謹慎使用語彙。因為你想讓聽者覺得有益，而不是對聽者的一種強制要求。不要這樣說：「詢問看似迷路的客人是否需要幫助時，你是按高質量服務標準去做的。但你對餐廳的營業時間應該是知道的。學學你的飯店情況介紹單吧。」而要說：「詢問看似迷路的客人是否需要幫助時，你是按高質量服務標準去做的。但你如果瞭解餐廳及其他設施營業時間，你可向客人提供更好的服務。我再給你一份飯店情況介紹單吧。」

（6）確定你聽明白了員工說的話。如說「我聽到你是說……」

（7）確認員工聽懂了你的意思。如說「我不敢肯定我把事情都說明白了。我想聽聽你對我剛才說的怎麼看」。

（8）在作評論時，一定要誠懇，始終注意說話的技巧，做到通情達理。員工欣賞你對具體操作行為的坦率讚美。誰都不想受到批評而感到難堪或被奚落。

（9）告訴員工找不到你時他們可去哪兒求助。

3.評估

對員工的進步做出評估。將任務單作為一整份內容，確認他們已掌握執行所有任務的技能。對欠缺的方面進行深入培訓，並提供更多的實踐。

聽取員工的回饋意見，讓他們對受到的訓練進行估價。這有助於提高員工的培訓效果。

保存各員工的記錄。跟蹤各員工的培訓史，並在各員工的個人檔案中保存培訓日誌。

三、工作評估與激勵

（一）工作評估

工作評估不僅可以幫助我們總結經驗、吸取教訓，而且可以為今後的工作提供指導。評估又可分為自我評估與自上而下的評估，這裡講的是後者。

1.考察與考核記錄

這是作評估的基礎。作為上級應在平時注意對下屬的工作予以觀察並聽取有關人員的反映，做好考核記錄。其內容包括：

①出勤情況；②工作量；③責任心與自覺性；④工作能力；⑤專業知識；⑥品格；⑦合作程度；⑧進取精神；⑨服從性；⑩其他方面的表現情況。

2.定期評估

通常是每年一次作全面評估，要求用書面的形式以供存檔。此外，為使年度評估持之有據，平時可作月度評估，其形式與內容可以簡單一些。

書面評估的格式可根據具體要求而設計。一般來說，年度評估的格式往往是全飯店統一的（見表6-5），而月度評估可自行設計（見表6-6）。

表6-5 工作表現評估

姓名＿＿＿＿＿ 工號號碼＿＿＿＿＿ 部門＿＿＿＿＿

職位＿＿＿＿＿ 評估期間＿＿＿＿＿ 至＿＿＿＿＿

評語＿＿＿＿＿＿＿＿＿＿＿＿＿＿＿＿＿＿＿＿＿＿＿＿ 所需之訓練:(請詳述所需之項目)
對現時職位＿＿＿＿＿＿＿＿＿＿＿＿＿＿＿＿＿＿＿＿ 對未來發展＿＿＿＿＿＿＿＿＿＿＿＿＿＿＿＿＿＿＿＿ 評估人＿＿＿＿＿ 職位＿＿＿＿＿ 日期＿＿＿＿＿ 員工簽名 日期＿＿＿＿＿ 部門主管審閱＿＿＿＿ 日期＿＿＿＿＿ 等級:A—3 B—2C—1 正本: 部門主管 副本: 個人檔案

表6-6 月度獎金評比表

姓名＿＿＿＿＿ 部門 客房部 區域 公共區域 職務＿＿＿＿＿

項目	分值	月份											
		1	2	3	4	5	6	7	8	9	10	11	12
巡查四周清潔	10												
經常徹底地清掃環境衛生	15												
保持機器效能	10												
不浪費清潔用品	10												
自覺性	5												
守時，不缺勤	10												
儀容儀表	10												
負責飯店環境美化工作	10												
飯店規章制度	10												

續表

項目	分值	月份											
		1	2	3	4	5	6	7	8	9	10	11	12
與其他員工的合作性	10												
總　分	100												

月　份	獎金標準	得分率(%)	實付獎金	批　准	批　准	簽　收
1						
2						
3						
4						
5						
6						
7						
8						
9						
10						
11						
12						
總　額						

表中項目須逐一仔細評估　　表中項目內容可隨時修改
員工得分須經兩名直接主管批准　　交表日期：每月7日

書面評估是由上而下逐級而作的，在完成這一工作後，應該與被評估者見面。這是評估的重要內容之一，否則將難以造成其應有的積極作用。在進行評估面談時必須注意以下幾點：

（1）主持者必須對被評估者相當瞭解。

（2）面談地點要安靜，不受打擾。

（3）要熱情地肯定其優點或長處，同時也要明確指出其缺點或不足，切忌進一步、退一步的表白或模稜兩可的言辭。

（4）要鼓勵對話，不可壓制。

（二）激勵

激勵可分為正激勵與反激勵。前者採用的是表揚、獎勵和升遷等積極手段，後者採用的則是批評、懲罰和處分等消極手段。兩種方法只要運用得法就能同樣有效，而要做到這一點，首先必須先理解下屬：

（1）下屬應瞭解自己應該做些什麼。

（2）下屬應得到工作指導。

（3）下屬應為工作出色而得到認可。

（4）下屬亦應得到具有建設性的批評。

（5）下屬應有機會顯示其能力。

（6）下屬應得到鼓勵而不斷提高完善自己。

（7）下屬理應得到安全和健康的工作環境。

激勵成功與否還在於能否使用積極的手段去避免或減少其消極性。因而，在實施激勵的時候要掌握一些要點。

1.注重效果

良好的願望要變為現實，在很大程度上取決於是否讓人覺得公平合理、簡潔明快和易於接受。

2.對員工工作的認可

賓客的正面評價與酒店的回頭客業務是反映員工齊心協力滿足賓客需求所做努力的一面鏡子。經理們應將這種資訊傳遞給員工，作為對他們出色工作的一種肯定。圖表對激勵員工動力也很有效，它們讓員工直觀地瞭解自己的業績與進步。書面客房檢查報告同樣有很強的推動力。得分高的服務員可評為當月客房服務員明星或獲得某種經濟上的獎勵，以此肯定他們的成績。

3.交流與溝通

交流是所有激勵機制的關鍵。不斷向員工通報本部門及飯店發生的事情能收到積極的效果。瞭解單位裡發生的事情，會讓員工更加感到一種歸屬感和自身的價值。

編發部門通訊是保持上下資訊公開的極好方法。有些飯店允許員工編制業務通訊及發表他們自己的文章。這些報導和文章可與工作有關，或是個人性質的。論題可涉及：

①晉升；②調動；③新僱員；④辭職；⑤提高服務質量訣竅；⑥特別表彰；⑦當月員工明星；⑧生日；⑨婚慶；⑩訂婚；⑪生孩子；⑫晚會消息。

告示板是張貼日程安排表、機構內通報及其他有關資訊的地方，它傳遞著清楚明瞭的資訊。告示板設在員工都能去的地方效果最佳，告訴他們每天去那兒看看。

4.制定員工獎勵計劃

幾乎所有的員工都希望自己的工作獲得讚許。有時，對工作達到要求或特別出色的員工簡單說一句「謝謝你」，就給員工傳遞了一份真誠的感謝。但在有些時候，這樣做還不夠。獎勵計劃是對工作出色的員工加以酬謝與肯定的最有效手段之一。在制定獎勵計劃時，應考慮以下幾項基本原則：

（1）制定適合本部門或機構的獎勵計劃。

（2）概括該計劃的具體目的與目標。

（3）確定員工獲得表彰與獎酬的條件與要求。

（4）集思廣益設想出各種各樣的獎品。可提請有關部門的批准，獲得此活動的經費。

（5）確定開始執行計劃的日期和時間。確保全體員工參加這一活動，並儘量使活動富有樂趣。

獎勵計劃對員工的表彰與獎勵是基於員工達到某種條件的能力來確定的。經理們可考慮的獎勵方式有：①表揚信；②評價證書；③現金獎勵；④與總經理及部門負責人合影，將照片張貼在公共區域與飯店後臺區；⑥舉行表彰宴會、大家自帶食品的聚餐及郊遊野餐；⑥在飯店餐廳與受獎人一起兩人單獨進餐；⑦禮品證書。

獎勵計劃形式多樣，它是工資外對優異業績做出回報的最佳方法。飯店制定和建立獎勵計劃應創造出一種員工、賓客與公司三方面均滿意的局面，這種獎勵應富有挑戰性，並能激發員工的競爭精神。

獎勵計劃蘊涵著驚喜的成分。班前會議或部門召開員工大會是宣布受獎者的最佳場合。宣布前應作些安排，宣布時讓受獎者對自己及自己的工作有一種特別美好的感覺。

總之，一個好的獎勵計劃應該達到以下目的：

（1）表彰與獎勵取得優異成績的員工。

（2）激勵員工創造更高的生產力。

（3）透過提供一個利於員工關愛賓客的工作環境，保證飯店實現使賓客滿意的承諾。

（4）對工作出色者表示衷心的感謝。

本章小結

1.任何飯店經營的生命力在於員工。離開員工，飯店經營也就不復存在。客房工作的重要性決定了客房部應招聘什麼樣的員工和怎樣合理的去安排他們，這不僅決定了客房管理工作的效果，更關係到飯店的勞動力成本控制問題。

2.對員工持續不斷的培訓是保持客房工作水準的重要保證，而採用合理的激勵手段則是留住優秀員工的有效方法。

思考與練習

1.區分客房固定工作量和變動工作量的意義何在？

2.確定客房服務員勞動定額需要考慮哪些因素？

3.客房服務員的配備按怎樣的步驟進行？

4.你如何理解客房部的用人標準？

5.培訓「四步法」的含義是什麼？如何運用這種方法對客房服務員進行培訓？

6.除了書中提到的，你認為還可以採用哪些方法激勵員工？

附錄 客房部主要崗位的職責

1.樓層總管

（1）主管客房樓層的清潔衛生及對客服務的一切工作。

（2）督導樓層領班及服務員的工作。

（3）掌握客房樓層清潔衛生及對客服務的標準。

（4）巡視客房樓層範圍，檢查貴賓客房，抽查已清潔完畢的客房。

（5）處理住客的投訴及突發事件。

（6）與客務部密切配合，核實客房狀況差異，提供準確的客房狀況。

（7）完成樓層工作日誌。

2.樓層領班

（1）督導客房服務員及樓層雜工的工作。

（2）負責所管轄樓層的員工的工作安排和調配。

（3）巡視所管轄的樓層，檢查客房清潔衛生及對客服務的質量。

（4）檢查客房的維修保養事宜，安排所管轄樓層的客房大清潔計劃。

（5）檢查所管轄樓層各類物品的儲存及消耗量。

（6）留意住客動態，處理客人投訴。

（7）掌握及報告所管轄樓層的客房狀況。

（8）負責對所屬員工的考勤與考績。

（9）填寫領班工作日誌。

3.客房服務員

（1）清掃與整理客房，並補充客房供應品。

（2）為住客提供各項服務。

（3）報告客房狀況。

（4）檢查及報告客房設備、物品損壞及遺失情況。

（5）報告客人遺留物品情況。

（6）清點布件。

（7）負責開啟房門，讓有關部門的員工進房工作。

（8）填寫客房清潔工作報表。

4.樓層雜工

（1）負責清潔及整理樓層的儲藏室。

（2）負責清潔所屬樓層的公共區域，如走廊、樓梯、電梯口等。

（3）搬運布件及垃圾。

（4）搬運家具、地毯等。

5.公共區域主管

（1）主管全飯店公共區域的清潔衛生工作。

（2）督導下屬領班及清潔工的工作。

（3）巡視公共區域，檢查清潔衛生質量。

（4）指導和檢查地毯保養、蟲害控制、庭院綠化、花卉布置、外窗清潔等專業工作。

（5）安排公共區域大清掃計劃。

（6）控制清潔劑、清潔用品的消耗量。

（7）完成公共區域工作日誌。

6.公共區域領班

（1）督導屬下員工的工作。

（2）安排屬下員工的工作及調配，全面完成各項清潔衛生工作及服務工作。

（3）檢查公共區域的清潔衛生及服務情況。

（4）檢查及報告公共區域內設施、設備、用品的損壞情況。

（5）檢查衣帽間及洗手間的清潔和服務狀況。

（6）控制清潔劑及清潔用品的消耗。

（7）填寫領班工作日誌。

7.公共區域清掃員

（1）負責領班所安排的區域內的清潔工作。

（2）正確使用清潔劑及清潔工具。

（3）在工作區域內，按要求噴灑藥水或放置衛生藥品，殺滅害蟲。

（4）報告在公共區域內的任何失物。

8.衣帽間、洗手間服務員

（1）負責客人的衣帽寄存。

（2）負責接待入廁的客人。

（3）負責衣帽間及洗手間的清潔工作。

（4）報告拾得的任何失物。

9.地毯清潔員

（1）負責清潔飯店內所有地毯及家具布料。

（2）修補損壞的地毯。

（3）定時巡視飯店範圍內的地毯狀況。

10.外窗清潔員

負責清潔飯店內的玻璃窗及鏡面。

11.園藝工

（1）負責養護飯店所種植的花卉草木。

（2）提供布置客房及環境的花卉、盆景等。

12.布件房主管

（1）主管全飯店布件及員工制服。

（2）督導屬下的領班及員工的工作。

（3）控制布件及制服的運轉、儲藏及損耗。

（4）定期報告布件及制服的損耗量，制定預算，提出補充或更新計劃。

（5）與餐飲部、洗衣房及客房樓層保持密切聯繫與協作。

（6）填寫布件房工作日誌。

13.布件房領班

（1）負責屬下員工的工作安排和調配。

（2）負責屬下員工的考勤與考績。

（3）協助主管控制布件及員工制服。

（4）監督所有布件、制服的收發、分類和儲存。

（5）填寫領班工作日誌。

14.布件、制服服務員

（1）負責所有布件、制服的接收、送洗、發放、清點及記錄工作。

（2）負責搬運及儲藏布件和制服。

（3）對洗燙完畢的布件和制服進行檢查，發現問題，及時報告。

15.縫補工

（1）負責修補布件、制服、窗簾、軟墊套等。

（2）負責客衣的小修小補。

（3）將報廢的布件、制服改製成其他有用的物品。

16.客房服務中心值班員

（1）接受客人電話提出的服務要求，迅速通知樓層服務人員為客人提供服務。

（2）報告客人的投訴。

（3）設法解決客人提出的疑難問題。

（4）定時與各樓層通電話，核實客房狀況。

（5）做好各種記錄。

後記

據統計，截止到2002年末，中國的旅遊飯店已達1萬多家，其中星級酒店達到了8880家。無論是行業規模、設施設備水準，還是經營理念或管理水準，當今的飯店業都已取得了長足的進步。客房管理作為現代飯店經營管理中的主要組成部分，其理念、方法也在隨著時代的進步不斷發展。

《飯店客房管理》是旅遊高等職業院校飯店管理專業的一門專業主幹課程。本書適用於飯店管理及相近專業的高職生，也可供飯店在職人員自學、培訓及參加自學考試時參考。本書突出了專業化、標準化和實用性的特點，內容包括了飯店客房部運行的整個流程及管理要點、管理方法，有較強的實用性和操作性。在具體章節內容的編排上，考慮到職業教育的特點，並沒有過多的深奧理論闡述，而是更多的側重於介紹實際工作流程、管理和服務中的注意事項，以及新觀念、新方法在客房管理和服務中的應用，目的是使學生在掌握基本工作流程和服務技能的同時，開闊知識面，提高專業素養。

編者

國家圖書館出版品預行編目（CIP）資料

飯店客房管理 / 朱承強主編 . -- 第一版 . -- 臺北市 : 崧博出
版 : 崧燁文化發行 , 2019.02

面 ;　公分

POD 版

ISBN 978-957-735-669-7(平裝)

1. 旅館業管理

489.2　　　　108001892

書　名：飯店客房管理

作　者：朱承強 主編

發 行 人：黃振庭

出 版 者：崧博出版事業有限公司

發 行 者：崧燁文化事業有限公司

E-mail：sonbookservice@gmail.com

粉 絲 頁：　　網 址：

地　址：台北市中正區重慶南路一段六十一號八樓 815 室

8F.-815, No.61, Sec. 1, Chongqing S. Rd., Zhongzheng Dist., Taipei City 100, Taiwan (R.O.C.)

電　話：(02)2370-3310 傳　真：(02) 2370-3210

總 經 銷：紅螞蟻圖書有限公司

地　址: 台北市內湖區舊宗路二段 121 巷 19 號

電　話:02-2795-3656 傳真 :02-2795-4100　網址：

印　刷：京峯彩色印刷有限公司（京峰數位）

定　價：500 元

發行日期：2019 年 02 月第二版

◎ 本書以 POD 印製發行